JN302484

Climbing Plants in Japan

九州の蔓^{つる}植物

写真と文

川原　勝征

南方新社

この本のまとめ方

○ 自分の体だけで伸び上がることができなくて、植物や岩などの他物を支えにして蔓（茎）を伸ばす植物を「蔓植物」といいます。本著では、蔓の伸ばし方に着目して5つに大別しました。中には、ヤナギイチゴのように、蔓植物とはいえないものの、枝が長く伸びていて、一見蔓植物のように思える植物や、「ツル」の語が和名に含まれていて、やや蔓性に見えるものも加えました。公園や民家などで見かける蔓性の栽培植物も数種含まれています。

○ 和名、学名、科名、生育地については、主に平凡社刊「日本の野生植物」の記載に従いました。生育地の記述で、『本州～九州』は、北海道と沖縄には生育しないことを表しています。四国には生育していることになります。『以南』と『以西』については、厳密には使い分けていません。

○ 花の性は単純ではないようですが、性型として次の3型に分けました。
・雌雄異株……雄花をつける雄株と、雌花をつける雌株に分かれている。
・雌雄同株（雌雄異花）……雄花と雌花の区別があり、両者が同じ株に咲く。
・雌雄同株（両性花）……1つの花に雄しべと雌しべがそろっている。
　花の性については、仮雄しべと雌しべを併せもつ花や、仮雌しべと雄しべを併せもつ花、1つの株に両性花のほかに雄花か雌花を咲かせる植物があるなど、複雑なようです。

○ 形態などの解説については、巻末掲載の参考図書・文献の記事を参考にしました。花期については、南九州の実態に合わせて記述しました。果期については、本文中の撮影日を参考にして、その前後と解釈してください。

○ 写真について。枝の写真（右上）では、対生、輪生、互生など、枝への葉の付き方がわかるように心がけました。茎の写真（左下）では、巻きひげ、茎の巻きつき方、かぎ、吸盤、付着根（気根）、棘など、這い上がる方法がわかるように心がけました。『葉の表と裏』の写真では、原則として同じ葉の表と裏を写しましたが、切れ込みが有ったり無かったりと形の変異が大きいものについては、両方の形を示すために、別の葉の表と裏の写真を掲載したものもあります。『花』と『果実』の写真も載せました。花の写真では、両性花、雄花、雌花の区別を書き込みました。

○ 『検索表の使い方』に記したように細かく分けたために、27もの群に亘りました。煩雑なように思えますが、植物の各部分のつくりを見極められるようになると、かえって短時間で目当ての植物にたどりつけるのではないかと期待しています。

目　次

この本のまとめ方	2
検索表の使い方	4
検索表	5
用語の解説	6
植物各部の名称	7

蔓植物の見分け方
　○つかみ上がり植物
　　　巻きひげでつかみ上がる植物 …………………………………… 10
　　　葉柄でつかみ上がる植物 ………………………………………… 33
　○巻きつき植物
　　　蔓（茎）が左巻きに、他物を巻き上がる植物 ………………… 40
　　　蔓（茎）が右巻きに、他物を巻き上がる植物 ………………… 56
　○這い上がり植物 …………………………………………………… 102
　○寄りかかり植物
　　　棘やかぎを他物にひっかけて伸び上がる植物 ………………… 117
　　　横に伸びた枝が他物に引っかかって伸び上がる植物 ………… 137
　○茎が地面を這う植物 ……………………………………………… 145

あとがき	159
和名索引	160
科別索引	162
参考図書・文献	165

検索表の使い方

次の手順で、調べようとする植物名を探し当ててください。

1 初めに、他物への取り付き方に注目してください。
   - 『つかみ上がり植物』……巻きひげや葉柄で他物をつかんで、からだを固定したり引き寄せたりしています。
   - 『巻きつき植物』……茎を他物に巻きつかせて伸び上がっています。蔓を下から見上げて、時計の針の回転と同じ向きに巻き上がるのを「右巻き」、その逆を「左巻き」と表現しています。
   - 『這い上がり植物』……吸盤や付着根で張り付いて伸び上がっています。
   - 『寄りかかり植物』……かぎや棘、逆毛などを、他物に引っ掛けるようにしながら伸び上がっています。横に伸ばした枝を樹木の枝などに引っ掛けて伸び上がるものも含めます。
   - 『茎が地面を這う植物』

2 次に、複葉か単葉かを確認してください。
   - 『複葉』……葉身が、短柄をもった複数の部分に分裂している葉。分裂してできたそれぞれの部分を小葉といいます。三出複葉、掌状複葉、奇数羽状複葉、偶数羽状複葉などがあります。
   - 『単葉』……葉身が完全に分裂しない葉は、どんなに切れ込みが深くても単葉とします。
   - 単葉なのか複葉の小葉なのかが区別しにくいときは、葉の付け根の脇の芽の有無または托葉の有無を調べてください。いずれかが付いていれば単葉です。複葉は、小葉がバラバラにならず全体が一緒に落葉します。
   - 『無葉』も数種あります。葉は退化して痕跡程度残っています。

3 単葉と鑑定したら、次に葉の切れ込みの有無を確認してください。
   葉身の主脈と葉縁間の長さの4分の1くらいまでの切れ込みを『浅裂』、それ以上2分の1くらいまでを『中裂』、それ以上の深い切れ込みを『深裂』と表しています。本著ではふれていない場合が多いですが、鋸歯（葉縁のぎざぎざ）の有無や形は分類上重要な観点のひとつになります。

4 切れ込みがない葉については、葉のつき方を調べてください。
   - 対生……1節に2枚の葉が向かい合ってついている。
   - 輪生……1節に3枚以上の葉がついている。
   - 互生……1節に1枚の葉がついている。

上記の1〜4を見極めながら検索を進めていき、最後にいきついた検索番号の頁をめくって調べてください。観察には、10倍程度のルーペを用いるといいでしょう。

検　索　表

　　　　　　　　　　　　　　　　　　　　　　　　　　　　　　　　検索番号
■ A　つかみ上がり植物
　　　B　巻きひげでつかみ上がる
　　　　　C　複葉 ………………………………………………………………　1群
　　　　　C　単葉
　　　　　　　D　葉に切れ込みが有る ……………………………………　2群
　　　　　　　D　葉に切れ込みが無い ……………………………………　3群
　　　B　葉柄でつかみ上がる …………………………………………………　4群
■ A　巻きつき植物
　　　B　蔓（茎）が左巻きに、他物に巻きつく
　　　　　C　複葉 ………………………………………………………………　5群
　　　　　C　単葉
　　　　　　　D　葉に切れ込みが有る ……………………………………　6群
　　　　　　　D　葉に切れ込みが無い
　　　　　　　　　E　葉が対生 ……………………………………………　7群
　　　　　　　　　E　葉が互生 ……………………………………………　8群
　　　B　蔓（茎）が右巻きに、他物に巻きつく
　　　　　C　複葉 ………………………………………………………………　9群
　　　　　C　単葉
　　　　　　　D　葉に切れ込みが有る ……………………………………　10群
　　　　　　　D　葉に切れ込みが無い
　　　　　　　　　E　葉が対生 ……………………………………………　11群
　　　　　　　　　E　葉が互生 ……………………………………………　12群
　　　　　C　葉がない …………………………………………………………　13群
■ A　這い上がり植物（吸盤や気根で他物に張りついて伸びる）
　　　　　C　複葉 ………………………………………………………………　14群
　　　　　C　単葉
　　　　　　　D　葉に切れ込みが有る ……………………………………　15群
　　　　　　　D　葉に切れ込みが無い
　　　　　　　　　E　葉が対生 ……………………………………………　16群
　　　　　　　　　E　葉が互生 ……………………………………………　17群
■ A　寄りかかり植物
　　　B　棘やかぎを他物にひっかけて伸び上がる
　　　　　C　複葉 ………………………………………………………………　18群
　　　　　C　単葉
　　　　　　　D　葉に切れ込みが有る ……………………………………　19群
　　　　　　　D　葉に切れ込みが無い
　　　　　　　　　E　葉が対生か輪生 ……………………………………　20群
　　　　　　　　　E　葉が互生 ……………………………………………　21群
　　　B　横に伸びた枝が他物に引っかかって、伸び上がる
　　　　　　　　　E　葉が対生か輪生 ……………………………………　22群
　　　　　　　　　E　葉が互生 ……………………………………………　23群
■ A　茎が地面を這う植物
　　　　　C　複葉 ………………………………………………………………　24群
　　　　　C　単葉
　　　　　　　D　葉に切れ込みが有る ……………………………………　25群
　　　　　　　D　葉に切れ込みが無い
　　　　　　　　　E　葉が対生 ……………………………………………　26群
　　　　　　　　　E　葉が互生 ……………………………………………　27群

用語の解説

- 葉の主要部分を**葉身**(ようしん)といい、葉身が複数に分かれている葉を**複葉**(ふくよう)、そうでないものを**単葉**という。また、葉身と茎とにはさまれた棒状の部分を**葉柄**(ようへい)、葉のつけ根にあって葉のように見える部分を**托葉**(たくよう)という。さらに、葉の縁にある鋸の歯状の凹凸を**鋸歯**(きょし)といい、鋸歯の縁にさらに細かい凹凸があるものを**重鋸歯**という。これらに対して、葉の縁が滑らかで凹凸がない状態を**全縁**(ぜんえん)という。
- 《**複葉の形に関する用語**》 複葉を構成している、1枚の葉のように見える部分を**小葉**(しょうよう)という。葉柄の先端部に3枚以上の小葉がついている場合を**掌状複葉**(しょうじょうふくよう)という。小葉が3枚の掌状複葉を**三出複葉**(さんしゅつふくよう)といい、三出複葉の側小葉が2枚に分かれて鳥足状になったものを**鳥足状複葉**(とりあしじょうふくよう)という。葉軸にそって多くの小葉がついている複葉で、先端に頂小葉があって全体の小葉の数が奇数枚のものを**奇数羽状複葉**(きすううじょうふくよう)、頂小葉がなくて先端部も2枚に終わっているものを**偶数羽状複葉**(ぐうすううじょうふくよう)という。
- 《**単葉の形に関する用語**》 葉身が鶏の卵のような形で基部が最も幅広ければ**卵形**(らんけい)、逆に先端部が最も幅広ければ**倒卵形**(とうらんけい)という。細長い葉で、基部が最も幅広ければ**披針形**(ひしんけい)、逆に先端部が最も幅広ければ**倒披針形**(とうひしんけい)、中央部が最も幅広いものを長さに応じて**楕円形、長楕円形**などという。
- 《**葉の基部の形に関する用語**》 ハート形にくぼんでいる形を**心形**(しんけい)、丸ければ**円形**、葉柄に向かってしだいに狭くなる形を**くさび形**、直線状になって、葉柄に対してほぼ直角になっている形を**切形**(せっけい)という。
- 《**本著で使用した、その他の主な用語**》
- **花序**(かじょ) 花のつき方の状態をいう。
- **仮種皮**(かしゅひ) 種子の表面を覆っている付属物。
- **頭花**(とうか) きく科に代表される花のつき方で、多くの花が集まって、1個の花のような形になるのをいう。タンポポの花を例にとると、全体が1つの花で、多くの花びらが並んでいるかのように見える。実際は、1枚の花びらに見えるのは5枚の花びらがくっついたもの(合弁花)で、よく見ると先端が5に分かれているのが分かる。花びららしき部分の1つを、そっとつかんで引き抜いて観察すると、先端が2つに分かれた雌しべと、雌しべを囲むようにしてくっついている5本の雄しべが備わっていることが分かる。さらに下部には、毛状に変化した多くの萼片がついている。これは、花期が終わってから、種子を風に乗せて遠くに散布する役目をもつ。
- **仮雄しべ**(かりおしべ) 形は残っているが、退化して花粉を作らない雄しべ。
- **花被**(かひ) 花びらよりも外側についている部分をまとめて**萼**(がく)といい、萼と花びらをあわせた全体を花被とよぶ。

植物各部の名称

●葉の各部分の名称

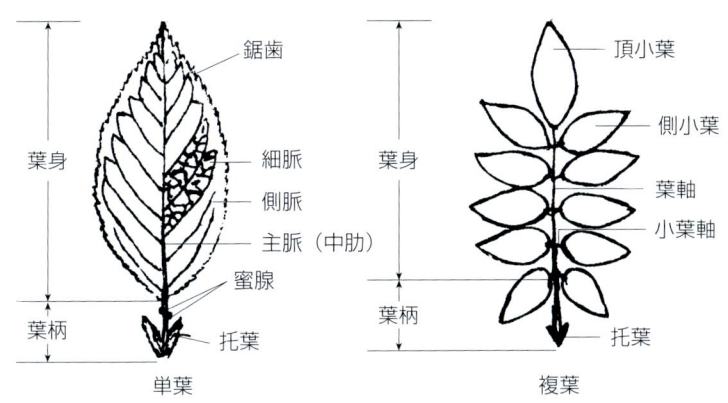

単葉: 葉身（鋸歯、細脈、側脈、主脈（中肋）、蜜腺）、葉柄、托葉

複葉: 葉身（頂小葉、側小葉、葉軸、小葉軸）、葉柄、托葉

●葉のつきかた

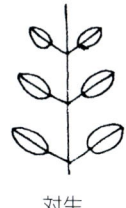

対生 　　互生 　　輪生

●葉の切れ込み

浅裂 　　中裂 　　深裂

●複葉の形

奇数羽状複葉 　　偶数羽状複葉 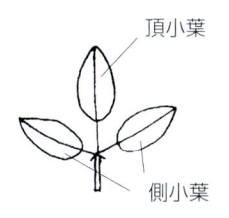　　三出複葉（頂小葉、側小葉）　　五出掌状複葉

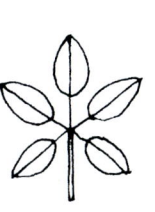

植物各部の名称

● 葉の縁のかたち

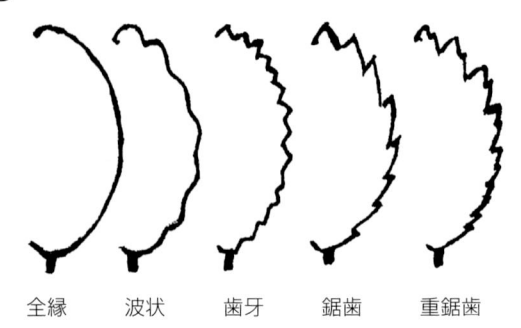

全縁　波状　歯牙　鋸歯　重鋸歯

● 葉の形

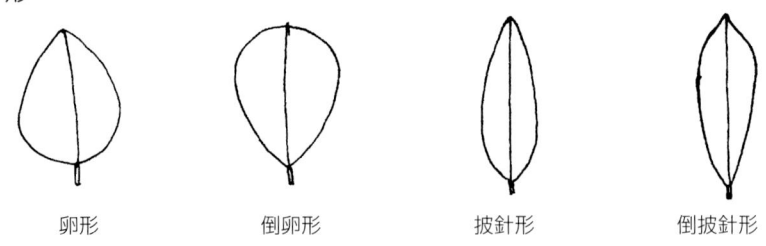

卵形　倒卵形　披針形　倒披針形

● 葉の基部の形

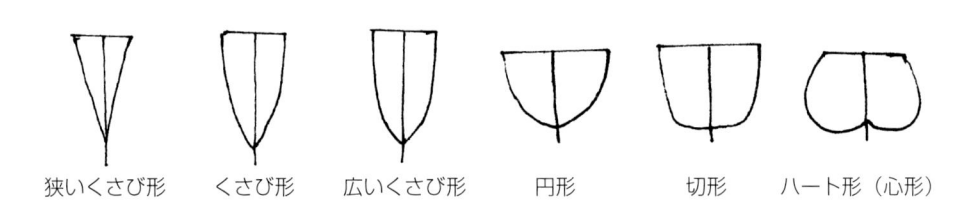

狭いくさび形　くさび形　広いくさび形　円形　切形　ハート形（心形）

● 葉脈

三出脈　葉脈が縁に届く　葉脈が縁に届かない

蔓植物の見分け方

つかみ上がり植物

巻きひげ
複葉・1群

両性花　果実

先が凹む

表　裏

〈主な撮影地／姶良市〉

ヤハズエンドウ　　矢筈豌豆　*Vicia angustifolia*　【まめ科】

生育地：全国　　別名：カラスノエンドウ（烏野豌豆）

性型：雌雄同株（両性花）。**茎**：蔓性越年草。四角形で毛があり、1m近くに伸びる。
葉：6対内外の無毛の小葉をもつ偶数羽状複葉で、小葉の先が凹んでいて、そこから突起物が出ている。托葉に暗赤色の蜜腺があり、次のスズメとカスマの2種にはない。
花：紅紫色で、1カ所につく花は1～2個。花柄はごく短い。花期：3～6月頃（3月17日撮影）。**果実**：さやには毛がなく、長さ4cm内外で黒く熟し、8個内外の種子が入っている。別名は、黒く熟すさやの色にちなむ（4月18日撮影）。

巻きひげ
複葉・1群
つかみ上がり植物

〈主な撮影地／姶良市〉

スズメノエンドウ　　雀野豌豆　*Vicia hirsuta*　【まめ科】

生育地：本州～九州

性型：雌雄同株（両性花）。**茎**：四角形の越年草で、高さ50㎝ほどに伸びる。**葉**：6対内外の小葉からなる偶数羽状複葉で、托葉に蜜腺がない。小葉の先がわずかに凹んでいて、そこからとげのようなものが出ている。巻きひげの先は3以上に枝分かれする。**花**：白紫色で4個ほどまとまってつく。花期：3～6月頃（3月19日撮影）。
果実：さやは長さ約1㎝で毛がある。種子は2個で黒く熟す（4月18日撮影）。**メモ**：和名は、カラスより小形であることによる。

つかみ上がり植物

巻きひげ
複葉・1群

両性花

果実

先がとがる

表

裏

〈主な撮影地／姶良市〉

カスマグサ　　カス間草　*Vicia tetrasperma*　【まめ科】
生育地：本州以南の道端や野原

性型：雌雄同株（両性花）。**茎**：細くて長さ50㎝内外。**葉**：5対内外の小葉からなる偶数羽状複葉で、小葉の先はとがるか切形。巻きひげは先が3ほどに分かれる。**花**：葉のつけ根から伸びる長い花柄に2～3個の花がつき、花色は淡青紫色。**花期**：3～5月頃（4月18日撮影）。**果実**：長さは1.5㎝内外でさやに毛がない。種子は直径約2㎜で普通4個内外（4月26日撮影）。**メモ**：カラスノエンドウとスズメノエンドウの間（マ）の形をもつので、この名がある。

巻きひげ
複葉・1群
つかみ上がり植物

両性花　果実

表　裏

〈主な撮影地／鹿児島市〉

ハマエンドウ　浜豌豆　*Lathyrus japonicus subsp. japonicus*　【まめ科】
生育地：全国の海岸などの草原

性型：雌雄同株（両性花）。**茎**：長さ1mほどになり砂地を這う。**葉**：葉は5対内外の小葉からなる偶数羽状複葉で、小葉の長さは3cm内外。葉軸の先端は巻きひげになっていて、ふつう2～3本に分かれて他物に巻きつく。葉のつけ根に大きな托葉がついている。**花**：長さ3cmほどで、紫色～紅紫色。10本ある雄しべのうち9本はくっついていて、1本だけ離れている。花期：4～7月頃（5月5日撮影）。**果実**：長さ約5cmの長楕円形（5月5日撮影）。

つかみ上がり植物　巻きひげ
複葉・1群

〈主な撮影地／屋久島町〉

モダマ　　藻玉　*Entada phaseoloides*　【まめ科】

生育地：屋久島（安房）〜沖縄の海岸近くの常緑林内

性型：雌雄同株（両性花）。**茎**：長さ100m超になる常緑の蔓植物。**葉**：2対の羽片をもつ偶数羽状複葉で互生し、各羽片は4枚の小葉からなり、先端に巻きひげがある。小葉はややゆがんだ長楕円形で長さ6cm内外、光沢がある。**花**：花序は長さ20cmで密に花をつける。黄緑色で長さ約6mm。花期：3〜8月頃。**果実**：さやは幅10cm長さ60cmほどの板状で、直径6cmほどの平らな種子が入っている（12月13日撮影）。

巻きひげ
複葉・1群
つかみ上がり植物

両性花
果実
表
裏

〈主な撮影地／頴娃町〉

オオバクサフジ　　大葉草藤　*Vicia pseudo-orobus*　【まめ科】
生育地：北海道〜九州

性型：雌雄同株（両性花）。**茎**：長さ1.5m内外の蔓性多年草。**葉**：クサフジより大きく、卵形で幅2cm長さ4cmほどの小葉が4対内外つく偶数羽状複葉。**花**：青紫色で長さ1.5cmほどの蝶形花が葉のつけ根に多数つく。**花期**：10〜11月頃（10月17日撮影）。**果実**：長さ4mmほどの柄につき、狭い楕円体で長さ3cmほど。無毛の円形の種子が数個収まっていて、黒く熟す（10月17日撮影）。**メモ**：九州での産地は限られ、鹿児島県では枕崎と頴娃（南限）に産する。

つかみ上がり植物

巻きひげ
複葉・1群

両性花　果実　無毛　表　裏

〈主な撮影地／姶良市〉

ヤブガラシ　藪枯し　*Cayratia japonica*　【ぶどう科】

生育地：全国　別名：ビンボウカズラ（貧乏蔓）

性型：雌雄同株（両性花）。**茎**：稜がある。**葉**：長さ8cmほどの無毛の鳥足状複葉で互生。葉の向かい側から巻きひげを伸ばす。**花**：淡緑色の花弁は4枚、雄しべも4本。花弁は早落性で、花盤だけのものを見かける。花に雄花期と雌花期がある。初めに雄しべが成長して花粉を出し、花弁と雄しべが落ちた後で、花盤中央の雌しべが伸びて受粉可能になる。花盤はピンクから橙色へと変化して美しい。花期：6～8月頃（6月29日撮影）。**果実**：球形で黒く熟す（10月10日撮影）。

巻きひげ
複葉・1群 **つかみ上がり植物**

両性花　果実

表　裏

〈主な撮影地／姶良市〉

ウドカズラ　独活葛　*Ampelopsis leeoides*　【ぶどう科】

生育地：紀伊半島以南の暖地の常緑樹林内

性型：雌雄同株（両性花）。**茎**：落葉性の蔓植物。茎は丸く、皮目があり無毛。**葉**：長さ20cmほどで、7枚内外の小葉からなる奇数羽状複葉で、最下の1対がさらに3枚に分かれるものが多い。小葉は卵形〜楕円形で先がとがり、縁に鋸歯がある。**花**：黄緑色の5弁花で5本の雄しべと1本の雌しべがつく。花期：6〜8月頃（6月27日撮影）。**果実**：直径7mmほどの球形で赤からのちに黒く熟す（8月20日撮影）。**メモ**：和名は葉がウドの葉に似ることによるらしい。

つかみ上がり植物
巻きひげ
複葉・1群

雌花

雄花

果実

短毛がある

表

裏

〈主な撮影地／鹿児島市〉

アマチャヅル　　甘茶蔓　*Gynostemma pentaphylla*　【うり科】
生育地：北海道〜南西諸島の山地の林縁など

性型：雌雄異株。**茎**：多年生の蔓植物で地を長く這い、巻きひげで他物を這い上がる。**葉**：5〜7枚の小葉をもつ鳥足状複葉で互生し、ヤブガラシに似るが、茎が細くて葉が軟らかく、短毛があることで区別できる。甘みがある。**花**：黄緑色で、花弁の先は伸びてとがる。花期：8〜9月頃（9月6日撮影）。**果実**：直径7mmほどの球形で黒緑色に熟す（10月10日撮影）。**メモ**：薬効が注目された時期があったが、さほどの効果はなかったらしい。

巻きひげ
単葉・切れ込み有り・2群

つかみ上がり植物

両性花　果実　表　裏

〈主な撮影地／鹿児島市〉

ハカマカズラ　　袴葛　*Bauhinia japonica*　【まめ科】

生育地：日本固有。和歌山県、高知県、九州

性型：雌雄同株（両性花）。**茎**：常緑の蔓植物で、枝に溝がある。**葉**：葉身は卵形で長さ6〜10㎝。若い枝には赤褐色の毛が密生し、巻きひげがある。和名は、葉の先が深く切れ込む形を袴に見立てたもの。**花**：淡黄緑色、直径2㎝ほどで左右対称。長さ7㎜ほどの5枚の花弁の外面に毛が密生する。花期：7月頃（7月13日撮影）。**果実**：さやは長さ約5㎝で平たく、3個ほどの種子が入っている（9月26日撮影）。

19

つかみ上がり植物

巻きひげ
単葉・切れ込み有り・2群

両性花

果実

無毛

表

裏

〈主な撮影地／姶良市〉

ノブドウ　野葡萄　*Ampelopsis brevipedunculata* var. *heterophylla*　【ぶどう科】

生育地：北海道〜九州の林縁や垣根

性型：雌雄同株（両性花）。**茎**：蔓性の多年草。**葉**：長さ10 cm内外の広い卵形で先がとがり、基部は心形。普通3〜5裂するが、切れこまないものも見られる。巻ひげは葉に対生し2股に分かれる。表面は無毛。**花**：淡緑色の小花で目立たない。花期：6〜8月頃（6月21日撮影）。**果実**：正常な実は直径5 mmほどの球形だが、大部分は昆虫が寄生して、直径が2倍以上に膨れて白、紫、紺と変色していく。有毒で食べられない（8月4日撮影）。

巻きひげ
単葉・切れ込み有り・2群

つかみ上がり植物

両性花

雄花

果実

表

淡褐色の綿毛が密生

裏

〈主な撮影地／姶良市〉

エビヅル　　蝦蔓　*Vitis ficifolia*　【ぶどう科】

生育地：本州〜九州の山野

性型：雌雄異株。**茎**：落葉性蔓植物。**葉**：幅広い卵形で、3〜5に中裂し、裏には淡褐色の毛が密生する。ノブドウの裏は緑色なので区別できる。**花**：淡黄緑色で円錐形に多数集まって咲く。花期：6〜8月頃（6月27日撮影）。**果実**：直径5〜6mmで黒紫色に熟し、甘酸っぱい。生食したり、ジャムを作ったり、果実酒をつくる（11月1日撮影）。**メモ**：ヤマブドウと誤称されるのを耳にすることがあるが、ヤマブドウは本州には生育するが、九州にはないらしい。

つかみ上がり植物

巻きひげ
単葉・切れ込み有り・2群

写真ラベル：雌花／雄花／赤熟 実／黄熟 実／種子／表／裏／毛が密生

〈主な撮影地／姶良市〉

カラスウリ　烏瓜　*Trichosanthes cucumeroides*　【うり科】

生育地：本州〜九州の里山や低地の林縁　　別名：タマズサ（玉章）

性型：雌雄異株。**茎**：蔓性の多年草。**葉**：葉身基部は心形で長さ10数cm、浅く3〜5裂するものが多い。両面にビロード状の毛が密生してざらつく。**花**：雄花はまとまってつき、雌花は葉の脇に1個つく。花弁は先が美しく糸状に裂けている。夕方から咲いて、朝にはしぼむ。花期：8〜9月頃（8月13日撮影）。**果実**：直径4cm長さ6cmほどの楕円体で、赤または黄色に熟す。中にカマキリの頭部の形をした種子が数十個入っている（9月23日撮影）。

巻きひげ
単葉・切れ込み有り・2群

つかみ上がり植物

雌花

雄花

果実

無毛で光沢がある

無毛

表

裏

〈主な撮影地／日置市〉

キカラスウリ　　黄烏瓜　*Trichosanthes kirilowii var. japonica*　【うり科】
生育地：全国の山野

性型：雌雄異株。**茎**：10mほどの高さに這い上がる。**葉**：濃い緑色、無毛なので光沢が強い。縁は3〜5に中裂するものから、ほとんど切れ込まないものまで多様。**花**：花弁の縁はカラスウリよりもきれいに裂けている。花期:6〜9月頃(6月6日撮影)。**果実**：幅5cm長さ6cmほどの球形に近い楕円体で黄色に熟す。熟期の果実の表面はしわくちゃである（12月20日撮影）。**メモ**：地下茎から採ったデンプンで、昔はアセモ予防の天瓜粉（てんかふん）を作った。

つかみ上がり植物

巻きひげ
単葉・切れ込み有り・2群

雌花

雄花

果実

表

裏

〈主な撮影地／屋久島町〉

モミジカラスウリ　　紅葉烏瓜　*Trichosanthes multiloba*　【うり科】

生育地：紀伊半島以西の本州〜九州

性型：雌雄異株。**茎**：多年生の蔓植物、茎は直径2cmほどで約10mと長く、巻きひげで高く這い上がる。**葉**：質はやや薄く、互生し、5ほどに中〜深裂し、両面に短毛がある。**花**：直径8cmほどで白く、先端が細かく裂けている。花期：6〜8月頃（6月14日撮影）。**果実**：長さ10cmほどの球形に近い楕円体で赤く熟し、橙色の縦筋が入る。長さ15cm内外の柄をもつ。種子は長さ約1cmの広楕円形で黒褐色（10月23日撮影）。

巻きひげ
単葉・切れ込み有り・2群

つかみ上がり植物

雄花

果実

両性花

種子

表

裏

〈主な撮影地／薩摩川内市・藺牟田池〉

ゴキヅル　　合器蔓　*Actinostemma lobatum*　【うり科】
生育地：本州〜九州の低地の水辺や湿地

性型：雌雄同株（雄花と両性花）。**茎**：一年生の蔓植物で、茎は細く、巻きひげで2mほどの高さに這い上がる。**葉**：長い三角状披針形で、基部が左右それぞれ2回ずつ浅く裂ける。**花**：黄緑色の花弁は先がとがる。**花期**：8〜11月頃（8月28日撮影）。**果実**：卵形で下半分に突起があり、中央から横に2つに割れると平らな種子が2個現れる（11月8日撮影）。**メモ**：和名は、果実を蓋つきの椀である御器（合器）に見立てたものという。

つかみ上がり植物

巻きひげ
単葉・切れ込み有り・2群

雌花

雄花

果実

表

裏

〈主な撮影地／長島町〉

スズメウリ　　雀瓜　*Melothria japonica*　【うり科】
生育地：本州〜九州

性型：雌雄同株（雌雄異花）。**茎**：一年生の蔓植物、ごく細い蔓で長く伸びる。**葉**：長さ4cmほどの卵状三角形で、質は薄く毛でざらつく。葉に対生して巻きひげが出る。**花**：白色で直径6mmほど、花弁は5に深く裂けていて、葉のつけ根に1個咲く。**花期**：8〜10月頃（10月4日撮影）。**果実**：灰白色で直径1cmほどの球形、長さ2cmほどの柄につき、中に灰白色の種子が多く入っている。8〜10月頃熟す（10月31日撮影）。

巻きひげ
単葉・切れ込み有り・2群
つかみ上がり植物

雌花 果実 雄花 果実 未熟 表 裏

〈主な撮影地／姶良市：栽〉

オキナワスズメウリ　　沖縄雀瓜　*Diplocyclos palmatus*　【うり科】
生育地：トカラ列島以南　　別名：リュウキュウスズメウリ（琉球雀瓜）

性型：雌雄同株（両性花）。**茎**：1年生の蔓植物で、長さ5ｍ超になり、他物にからまる。**葉**：ハート形でやわらかく、掌状に5～7裂し、表面はざらつく。互生する。**花**：葉のわきに、直径15㎜ほどの花を数個ずつ咲かせる（8月2日、栽培品を撮影）。**果実**：直径25㎜内外の、球形に近い卵形で、赤橙色に熟し、白い縦縞が入る。果実と根は有毒（10月7日撮影）。**メモ**：果実の大きさ、色、模様が可愛らしく、全国で愛好家に栽培されているらしい。

つかみ上がり植物

巻きひげ
単葉・切れ込み無し・3群

雄花

果実

無毛

鋸歯は粗い

表

裏

〈主な撮影地／霧島市〉

サンカクヅル　三角蔓　*Vitis flexuosa*　【ぶどう科】

生育地：北海道〜南西諸島の林縁など　別名：ギョウジャノミズ（行者の水）

性型：雌雄異株。**茎**：落葉性の蔓植物。枝は丸く、無毛。**葉**：幅5cm長さ8cmほどの三角形、長い柄で互生する。葉面は無毛で、縁は切れ込まないが粗い鋸歯がある。**花**：淡黄緑色の小花が円錐形に多数集まって咲く。花期：5〜6月頃（6月13日撮影）。
果実：直径6mmほどの球形で黒く熟し、エビヅルに似て甘酸っぱい（10月4日撮影）。
メモ：茎を切ると切り口から水が滴り落ちる。別名は、行者がこの水でのどを潤したという説にちなむ。

巻きひげ
単葉・切れ込み無し・3群

つかみ上がり植物

雌花

雄花　果実

巻きひげ　表　裏　白っぽい

〈主な撮影地／霧島市〉

サルトリイバラ　　猿捕り茨　*Smilax china*　【ゆり科】

生育地：北海道〜九州の山野

性型：雌雄異株。**茎**：高さ3mほどに伸びる蔓性の落葉低木。節ごとに折れ曲がり、鋭い棘がつく。**葉**：直径10㎝内外の円形〜楕円形で鋸歯がなく、互生する。光沢があり、3〜5本の目立つ葉脈がある。**花**：淡黄緑色の小花が開葉と同時に咲く。6枚の花弁は反り返り、雄しべは6本。花期：3〜5月頃（3月21日撮影）。**果実**：直径8㎜ほどの球形で赤く熟す。10〜11月頃熟す（10月16日撮影）。**メモ**：若芽は山菜に、葉は餅や団子を包むのに使われる。

つかみ上がり植物

巻きひげ
単葉・切れ込み無し・3群

果実
雄花
果実 未熟
表
裏
緑色

〈主な撮影地／指宿市〉

サツマサンキライ　薩摩山帰来　*Smilax bracteata*　【ゆり科】

生育地：九州南部〜沖縄

性型：雌雄異株。**茎**：蔓性の常緑半低木で、まばらに棘がある。**葉**：革質で、幅4cm長さ7cmほどの長楕円形で光沢があり、先がとがり基部はくさび形〜円形。葉のつけ根に2本の巻きひげがある。**花**：黄赤色で小さな花が、球形に集まって咲く。6枚の花被は反りかえる。雄花の雄しべは花被片と長さが同じ。花期：12〜2月頃（1月23日撮影）。**果実**：長さ7mmほどの楕円体で黒色に熟す（11月24日撮影）。

巻きひげ
単葉・切れ込み無し・3群

つかみ上がり植物

雌花

雄花

果実

棘はない

表

淡緑色

裏

〈主な撮影地／指宿市〉

ハマサルトリイバラ　　浜猿捕り棘　*Smilax sebeana*　【ゆり科】
生育地：鹿児島県以南の海岸　別名：トゲナシカカラ

性型：雌雄異株。**茎**：蔓性の半低木。直径1cmほどで、長さ10mほどに伸び、棘はない。**葉**：幅8cm長さ12cmほどの卵状楕円形で互生し、先はとがり基部はくさび形。質は厚く、光沢があり、5本ほどの葉脈が走る。柄は2cmほどでつけ根に2本の巻きひげがつく。**花**：葉のつけ根から出る軸に、淡黄色の小花が多く集まって咲く。花期：3〜4月頃（4月25日撮影）。**果実**：直径8mmほどの球形で黒く熟す（11月24日撮影）。

つかみ上がり植物

巻きひげ
単葉・切れ込み無し・3群

雄花

果実

表

裏

〈主な撮影地／姶良市〉

シオデ　牛尾菜　*Smilax riparia*　【ゆり科】

生育地：北海道～九州の林縁

性型：雌雄異株。茎：多年草。軟らかく緑色で長さ2～3mになり、葉柄基部から伸びる巻きひげで他物に巻きつく。葉：幅5cm長さ13cmほどの卵状楕円形で、基部は心形～円形。数本の平行脈が走り、つけ根から葉に対生して、托葉が変化した2本の巻きひげが出る。花：淡黄緑色で数十個が集まって球形に咲く。花期：7～8月頃（7月9日撮影）。果実：直径8mmほどの球形で、数十個集まって黒く熟す（11月1日撮影）。メモ：新芽は山菜として食べる。

葉柄・4群 **つかみ上がり植物**

〈主な撮影地／姶良市〉

ボタンヅル　牡丹蔓　*Clematis apiifolia*　【きんぽうげ科】

生育地：本州～九州の林縁など

性型：雌雄同株（両性花）。**茎**：蔓性の半低木状多年草で、長く伸びながら枝分かれし、基部は木質化している。**葉**：長さ5cm内外の3枚の小葉からなる三出複葉で対生し、小葉には不揃いで大きな鋸歯がある。**花**：花弁に似た長さ1cmほどの4枚の白い萼が水平に開いた花が、上向きに開く。萼の外側には毛が密生する。花期：8～9月頃（8月11日撮影）。**果実**：長さ4mmほどの長卵形で、先端に長い毛がつく（10月20日撮影）。

つかみ上がり植物 葉柄・4群

両性花

表　裏

〈主な撮影地／伊佐市〉

コバノボタンヅル　小葉の牡丹蔓　*Clematis pierotii*　【きんぽうげ科】

生育地：本州（和歌山・山口）、四国、九州以南の林縁など

性型：雌雄同株（両性花）。**茎**：蔓性の半低木状の多年草。**葉**：三出複葉の3枚の小葉が、それぞれさらに3枚に分かれた2回三出複葉で、各小葉は卵形で中くらいに切れ込んでいて、縁に粗い鋸歯がある。葉柄で他物に巻きつく。**花**：ボタンヅルより大きく直径3cmほどで、花弁状の4枚の萼が平らに開いて、2〜3個集まって咲く。**花期**：8〜9月頃（8月29日撮影）。**果実**：長さ5mmほどの球形。

葉柄・4群 **つかみ上がり植物**

〈主な撮影地／姶良市〉

センニンソウ　仙人草　*Clematis terniflora*　【きんぽうげ科】

生育地：北海道～南西諸島

性型：雌雄同株（両性花）。**茎**：蔓性の多年草。**葉**：5枚内外の小葉からなる奇数羽状複葉で鋸歯はない。対生し、葉柄が長く伸びながら回転して他物に巻きつく。**花**：円錐状の花序につき上向きに平開し、直径2～3㎝。花びらに見える4枚の純白の萼は、縁に白い毛を密生する。花期：7～10月頃（8月11日撮影）。**果実**：長さ1㎝ほどの果実の先には、雌しべの先端部が銀白色の長毛になって羽状に密につく（11月20日撮影）。

35

つかみ上がり植物 葉柄・4群

両性花　果実　表　裏

〈主な撮影地／人吉市〉

シロバナハンショウヅル　白花半鐘蔓　*Clematis williamsii*　【きんぽうげ科】

生育地：静岡県以西の本州の太平洋側、四国、九州の暖地

性型：雌雄同株（両性花）。**茎**：落葉の蔓性半低木、林縁で低木などに絡む。**葉**：長い柄をもつ三出複葉。小葉は長さ8cmほどの卵形で3つに中裂し、鋸歯がある。**花**：葉の脇に広い鐘型で淡黄色の花が下向きに咲く。花弁状の4枚の萼は広楕円形で長さ2cmほど。雄しべも雌しべも多数あり、雄しべは無毛。花期：4〜6月頃（4月3日撮影）。**果実**：平たい卵形で、先に3cmほどの毛がつく（11月18日撮影）。

葉柄・4群 **つかみ上がり植物**

両性花

果実

〈主な撮影地／伊佐市〉

タカネハンショウヅル　高嶺半鐘蔓　*Clematis lasiandra*　【きんぽうげ科】
生育地：近畿以西～九州の林縁

性型：雌雄同株（両性花）。**茎**：蔓性の低木で、基部は木質化する。**葉**：3枚の小葉がさらに3つに分かれる2回三出複葉で、葉縁に鋸歯がある。若株では互生し、花を咲かせる株では対生する。**花**：釣鐘状で長い柄に垂れてつき、4枚の花弁のように見える赤紫色の萼が美しい。下向きに咲く。花期：7～10月頃（7月27日撮影）。**果実**：長さ3㎜ほどの卵形。**メモ**：「高嶺」とつくが、低地にも生育する。

つかみ上がり植物　葉柄・4群

〈主な撮影地／伊佐市・猩猩国有林〉

ヤマハンショウヅル　　山半鐘蔓　　*Clematis crassifolia*　【きんぽうげ科】

生育地：九州南部の山地の林縁

性型：雌雄同株（両性花）。**茎**：数mになる蔓性の木本。**葉**：三出複葉で、小葉は楕円形、先がとがり強い光沢がある。**花**：長楕円形で長さ1.5cmほどの、4枚の白い萼片をもつ。花の先端部は平開または反り返り、縁に細毛がある。中心部に雌しべと多数の黄色い雄しべがある。**花期**：11〜1月頃（12月10日撮影）。**果実**：きんぽうげ科に共通の白いひげがついている。**メモ**：冬の屋久島で、川の流域や車道わきの林縁に注意すると見つかる。

葉柄・4群 **つかみ上がり植物**

写真ラベル: 毛が密生 / 両性花 / 果実 / 軟毛でビロード状 / 表 / 裏

〈主な撮影地／日置市〉

ヒヨドリジョウゴ　鵯上戸　*Solanum lyratum*　【なす科】

生育地：北海道〜九州の林縁や生け垣など

性型：雌雄同株（両性花）。**茎**：蔓性の多年草で、毛が密生する。**葉**：卵形で、軟らかくて長い毛に覆われ、根元近くの葉の基部には左右2ずつの深い切れ込みがある。葉柄がねじれて他物に絡まることもある。**花**：白色で直径約1cm、5裂する花弁がくるりと反りかえる。雌しべが長く突き出る。雄しべの葯の先には穴がある。花期：8〜9月頃（8月11日撮影）。**果実**：赤く熟して逆光に透き通って見える（11月14日撮影）。

巻きつき植物

蔓（茎）が左巻き
複葉・5群

両性花　毛が密生　果実　無毛　表　裏

〈主な撮影地／霧島市〉

フジ　藤　*Wisteria floribunda*　【まめ科】

生育地：日本の固有種で本州〜九州　　別名：ノダフジ（野田藤）

性型：雌雄同株（両性花）。**茎**：落葉の蔓植物で、蔓は左巻きに巻きつく。**葉**：15枚内外の小葉からなる奇数羽状複葉。小葉は長さ4cmほどの卵状披針形で無毛。**花**：花は直径2cmほどで、花序は普通50cmくらいだが、1mほどになり花の数が100を超えるものもある。花序の基部側から開き始め数日かけて咲きあがる。花期：4〜5月頃（4月11日撮影）。**果実**：長さ20cmほどで、毛が密生する（8月14日撮影）。

蔓（茎）が左巻き
複葉・5群
巻きつき植物

両性花　無毛　果実　無毛　表　無毛　裏

〈主な撮影地／姶良市〉

ナツフジ　夏藤　*Millettia japonica*　【まめ科】

生育地：関東以西～九州　別名：ドヨウフジ（土用藤）

性型：雌雄同株（両性花）。**茎**：高さ3m以上に登る蔓性の落葉低木で、蔓は左巻き。
葉：13枚近くの小葉からなる奇数羽状複葉で互生し、長さ20㎝内外。両面とも無毛。
小葉は幅2㎝長さ4㎝ほどの卵形で全縁。**花**：長さ約1.5㎝ほどで緑白色の蝶形花
が多数集まって、長さ15㎝内外の花序になる。花期：7～8月頃（8月4日撮影）。
果実：さやは幅8㎜長さ10㎝内外で無毛、平たくて丸い種子が数個入っている（9
月5日撮影）。

巻きつき植物

蔓（茎）が左巻き
単葉・切れ込み有り・6群

雌花
下向きの棘
雄花
果実
下向きの棘
ざらつく
表
裏

〈主な撮影地／姶良市〉

カナムグラ　鉄葎　*Humulus japonicus*　【くわ科】

生育地：北海道〜九州の林縁や川岸など

性型：雌雄異株。**茎**：蔓性の一年草で、下向きに棘がつく。**葉**：対生し葉身は掌状に5〜7裂する。葉柄に下向きの棘があり、葉面には粗い毛が密生してひどくざらつく。**花**：雄花は、25cmほどに立った円錐花序に大量につき、淡黄緑色で風によく揺れる。雌花は垂れた短い花序にかたまってつき、緑色から紫褐色へ変化する。花期：9〜10月頃（9月1日撮影）。**果実**：長さ1.5cmほどで、上部に毛がある（10月12日撮影）。

蔓（茎）が左巻き
単葉・切れ込み有り・6群

巻きつき植物

両性花　果実

表　裏

〈主な撮影地／霧島市〉

ハナヅル　花蔓　*Aconitum japonovolubile*　【きんぽうげ科】

生育地：九州　絶滅危惧種　別名：ハナカズラ（花葛）

性型：雌雄同株（両性花）。**茎**：蔓の長さは2mほどで、基部は直立し、30cmほどから先は他物に絡まって伸びる。**葉**：幅10cm長さ12cmほどでトリカブトの葉に似るが、葉の切れ込みは本種の方が細かく深く裂け、小葉には短い柄がある。**花**：長さ4cmほど、舞楽で被る冠に似る。花期：9～10月頃（10月15日撮影）。**果実**：キンポウゲ科の他の植物の果実に似て袋状をしている（7月27日撮影）。

巻きつき植物

蔓（茎）が左巻き
単葉・切れ込み有り・6群

雌花

雄花

果実

短毛がつく

短毛がつく

先は丸い

表

裏

〈主な撮影地／姶良市〉

カエデドコロ　　楓野老　*Dioscorea quinqueloba*　【やまのいも科】

生育地：本州中部以西〜南西諸島

性型：雌雄異株。**茎**：多年生の落葉蔓草。**葉**：互生し、基部は心形で左右がそれぞれ5ほどに中裂し、両面に短毛がある。裂片の先端は丸くて、とがっているキクバドコロ（モミジドコロ）と区別される。葉のつけ根に2個の棘がある。**花**：黄褐色の小花で、6枚の花被が平らに開いて咲く。雄花序は立ち、雌花序は垂れてつく。花期：7〜9月頃（9月6日撮影）。**果実**：果実は楕円形で細長い。ムカゴはできない（10月8日撮影）。

蔓（茎）が左巻き
単葉・切れ込み有り・6群 **巻きつき植物**

〈主な撮影地／鹿児島市〉

ツクシタチドコロ　　筑紫立野老　*Dioscorea asclepiadea*　【やまのいも科】

生育地：天草、宮崎・鹿児島両県

性型：雌雄異株。**茎**：地面近くでは直立するが、上部は他物に巻きつく。**葉**：長さ15cmほどの三角状披針形で互生し、葉質は硬く、縁が波打つ。先がとがり、基部は心形。葉柄基部に小突起はない。両面に毛はない。**花**：柄のない小花で黄緑色。雄花の集まりは葉のつけ根に立ち、雌花の集まりは垂れてつく。花期：4～5月頃。**果実**：ヤマノイモの果実に似て、全体が円形に近く、種子の周りを薄い膜がとり巻く。

巻きつき植物

蔓（茎）が左巻き
単葉・切れ込み無し・対生・7群

両性花

果実

表

裏

〈主な撮影地／伊佐市〉

ツルリンドウ　　蔓竜胆　*Tripterospermum japonicum*　【りんどう科】

生育地：北海道〜屋久島の林内や林縁

性型：雌雄同株（両性花）。**茎**：蔓性の多年草で、暗紫色の蔓は長さ1m近くになる。**葉**：三角状披針形で対生し、縁が波打ち、数本の葉脈が明瞭。**花**：葉のつけ根に淡紅紫色で長さ3cmほどの花を1〜数個つける。花冠の先が深く5裂する。萼は半分まで5裂し、花冠の裂片の間にさらに小さな裂片（副片）がある。花期：7〜10月頃（7月27日撮影）。**果実**：直径8mm長さ2cmほどの多肉質の楕円体で濃紅紫色に熟す（11月7日撮影）。

蔓（茎）が左巻き
単葉・切れ込み無し・対生・7群 **巻きつき植物**

両性花　果実

表　裏

〈主な撮影地／姶良市〉

ヘクソカズラ　屁糞葛　*Paederia scandens*　【あかね科】
生育地：全国　別名：ヤイトバナ（灸花）、サオトメバナ（早乙女花）

性型：雌雄同株（両性花）。**茎**：多年生の蔓草で毛がまばらにつき、左巻きに他物に巻きつく。**葉**：幅4 cm長さ7 cmほどの披針形で対生。揉んで汁を嗅ぐと悪臭があり、これが和名の元になっている。**花**：筒状の花冠の長さは1 cmほどで、先は5裂し内側は鮮やかな紅紫色で毛が多い。花期：7〜9月頃（7月20日撮影）。**果実**：球形で直径は約5 mm。光沢があり黄褐色に熟す（1月18日撮影）。**メモ**：万葉集にもクソカズラの名で詠まれている。

巻きつき植物
蔓（茎）が左巻き
単葉・切れ込み無し・対生・7群

両性花　　果実

若株の葉　表　　裏

〈主な撮影地／霧島市〉

スイカズラ　吸い葛　*Lonicera japonica*　【すいかずら科】

生育地：全国　別名：キンギンカズラ（金銀葛）、ニンドウ（忍冬）

性型：雌雄同株（両性花）。**茎**：蔓性低木。**葉**：長さ4cmほどの卵状楕円形で対生する。鋸歯はなく、裏表とも無毛。幼い株には切れ込みの多い葉がつく傾向がある。**花**：唇形の花が2個並んで咲き、上唇は浅く4裂し、下唇は1片で細長い。外側が赤みを帯びる。芳香があり、初め純白で、のち黄色に変化する。別名は花色の変化を元にしている。花期：5～6月頃（5月18日撮影）。**果実**：球形で秋に黒く熟し、中に数個の種子がある（7月4日撮影）。

蔓（茎）が左巻き
単葉・切れ込み無し・対生・7群
巻きつき植物

両性花

毛が密生

若葉は毛が密生

表　　裏

〈主な撮影地／鹿児島市〉

キダチニンドウ　　木立忍冬　*Lonicera hypoglauca*　【すいかずら科】

生育地：東海地方と瀬戸内海沿岸〜九州の海岸地帯

性型：雌雄同株（両性花）。**茎**：高さ10mに達する常緑の蔓植物。いたるところに毛が密生している。**葉**：幅4cm長さ7cmほどの長楕円形。表は青緑色でのちに無毛となるが、裏は毛が残り黄橙色の腺点がある。**花**：2個が対をなして咲き、白から黄色に変わる。花のつけ根の包葉は細くてとがり、長さ約4mm。花期：5〜6月頃（5月10日撮影）。**果実**：直径6mmほどで数個がまとまって付き、黒紫色に熟す。9〜12月頃熟す。

巻きつき植物

蔓（茎）が左巻き
単葉・切れ込み無し・対生・7群

両性花

果実

無毛

無毛で滑らか

表

無毛で滑らか

裏

〈主な撮影地／霧島市〉

ハマニンドウ　　浜忍冬　*Lonicera affinis*　【すいかずら科】

生育地：中国地方西部、四国西部〜九州以南の海岸近くの林縁

性型：雌雄同株（両性花）。**茎**：全体が無毛の蔓性の常緑低木。**葉**：長さ8cmほど、幅が広い卵形で対生する。先がとがり、基部は円形。鋸歯がなく、両面が無毛で滑らか。表は緑色、裏は白っぽくて腺点はない。**花**：葉のつけ根に、花冠の長さが5cmほどの花2個が対をなして咲き、白から黄色に咲き変わる。包葉は長さ1cmほど。花期：5〜7月頃（5月24日撮影）。**果実**：直径7mmほどの球形で藍黒色に熟す。9〜12月頃熟す（7月5日撮影）。

蔓（茎）が左巻き
単葉・切れ込み無し・互生・8群
巻きつき植物

〈主な撮影地／霧島市〉

サネカズラ　　実葛　*Kadsura japonica*　【まつぶさ科】

生育地：関東以西～南西諸島　　別名：ビナンカズラ（美男葛）

性型：雌雄異株とされるが、雌雄同株（雌雄異花）もあるようだ。**茎**：直径2㎝になる常緑蔓植物。**葉**：楕円形で軟らかく、強い光沢があり、互生する。まばらに鋸歯があり、裏は主脈を中心に赤紫色を帯びる。**花**：雄花には赤い雄しべが多数あり、雌花には黄白色の部分が見られる。花期：7～9月頃（9月9日撮影）。**果実**：雌花の花床が丸く膨らみ、その上に丸くて赤い果実が多数並んでつき、美しい（11月17日撮影）。

巻きつき植物

蔓（茎）が左巻き
単葉・切れ込み無し・互生・8群

雌花

果実

雄花

幼果

表　裏

〈主な撮影地／霧島市〉

マツブサ　　松房　*Schizandra repanda*　【まつぶさ科】

生育地：北海道〜九州　　別名：ウシブドウ（牛葡萄）

性型：雌雄異株。**茎**：落葉の蔓性木本で直径2cmほどまで太くなり、切るとマツの樹脂の香りがする。**葉**：短い枝の先に集まって放射状に出る。幅4cm長さ5cmほどの卵形で厚く光沢があり、表面は滑らか。先端はとがり、基部はくさび形で、粗い鋸歯がある。**花**：黄白色で直径約1cm。花期：5〜7月頃（7月25日撮影）。**果実**：藍黒色に熟して垂れ下がり、ブドウに似て甘酸っぱい。9〜10月頃熟す（10月16日撮影）。

蔓（茎）が左巻き
単葉・切れ込み無し・互生・8群
巻きつき植物

〈主な撮影地／姶良市〉

クマヤナギ　熊柳　*Berchemia racemosa*　【くろうめもどき科】

生育地：北海道〜九州の丘陵地や山地

性型：雌雄同株（両性花）。**茎**：蔓性の落葉低木、黄緑色で無毛。**葉**：葉身は幅3㎝長さ5㎝ほどの長楕円形で互生し、先がとがる。光沢があり、裏は白っぽくて側脈は片側7本内外。**花**：直径2㎜ほどで黄緑色。花弁はわずかしか開かない。**花期**：7〜9月頃（7月9日撮影）。**果実**：長さ5㎜ほどの卵状楕円形で、緑色から黄赤色を経て黒く熟す。7〜9月頃熟す。**メモ**：蔓は強靭なので輪かんじきや杖の材料とされる。

53

巻きつき植物

蔓（茎）が左巻き
単葉・切れ込み無し・互生・8群

両性花　果実

表　裏

側脈は10本以上

〈主な撮影地／霧島市〉

オオクマヤナギ　　大熊柳　*Berchemia magna*　【くろうめもどき科】

生育地：関東以西

性型：雌雄同株（両性花）。**茎**：蔓性の落葉低木。黄緑色、無毛で滑らか。**葉**：幅5㎝長さ10㎝超の卵状楕円形で、先は丸く互生する。裏に黄褐色の毛があり、側脈は片側10本以上ある。**花**：黄緑色で直径約3㎜。花序の軸に黄褐色の毛があり、萼の先はとがり三角形。花期：7〜9月頃（9月28日撮影）。**果実**：長さ1㎝ほどの倒卵形で黒く熟し、去年の果実と今年の花が同時に見られる（4月24日撮影）。

蔓(茎)が左巻き
単葉・切れ込み無し・互生・8群

巻きつき植物

雌花
雄花
果実
表
縮れた翼がない
裏

〈主な撮影地／姶良市〉

オニドコロ　鬼野老　*Dioscorea tokoro*　【やまのいも科】

生育地：北海道～九州　別名：トコロ（野老）

性型：雌雄異株。**茎**：多年生の蔓草で、根茎には多くのひげ根がつく。**葉**：直径10cmほどの心形で互生する。葉質はマルバドコロより薄い。**花**：雄花は枝分かれして立ち、雌花は枝分かれせずに垂れてつく。花期：7～8月頃（8月4日撮影）。**果実**：縦長の長楕円形で3枚の翼がある。種子につく薄い膜はカエデの果実に似た形。ムカゴはできない（9月7日撮影）。**メモ**：ひげ根を老人のひげに見立てて、長寿を祝う正月飾りにする風習がある。

55

巻きつき植物

蔓（茎）が右巻き
複葉・9群

胞子嚢群のない裂片の表　　胞子嚢群のつく裂片の表　　胞子嚢群　　胞子嚢群のつく裂片の裏

〈主な撮影地／姶良市〉

カニクサ　　蟹草　*Lygodium japonicum*　【ふさしだ科】

生育地：本州中部以南　別名：ツルシノブ（蔓忍）

シダ類としては、珍しく巻きつくタイプである。別名は、このことに由来し、和名は、小川でカニを釣るときのテグス代わりに使ったことによるという。茎に多くの葉がついているように見えるが、ほとんどのシダ植物と同様に、地上部すべてが1枚の葉で、茎は地下にあって、横に長く這う。蔓の部分は葉の主軸で、横についているのは羽片。他物に右または左巻きに巻きつきながら、長いものは2m超に伸びる。植え込みに生えると、根絶困難な雑草となる。

蔓（茎）が右巻き
複葉・9群

巻きつき植物

雌花6花柱
雌花8花柱
雄花
果実
縁は波打たない
表
裏

〈主な撮影地／霧島市〉

アケビ　　木通　*Akebia quinata*　【あけび科】

生育地：本州～九州の林縁

性型：雌雄同株（雌雄異花）。**茎**：右巻きにからまる落葉性の木本。**葉**：掌状複葉。小葉は普通5枚で長楕円形、長さ約4㎝。**花**：花序の基部に雌花、先に雄花がつく。花弁はない。雄花は淡紫色で直径15㎜ほど、6本の雄しべと6個の仮雌しべがある。雌花は紅紫色で直径25㎜ほど、3～8本の雌しべと6本の仮雄しべがある。花期：3～4月頃（3月18日撮影）。**果実**：長さ約8㎝で、1カ所に5個ほどつき、熟すと縦に裂ける（9月1日撮影）。

巻きつき植物

蔓（茎）が右巻き
複葉・9群

雌花

雄花

表　裏

縁が波打つ

〈主な撮影地／霧島市〉

ゴヨウアケビ　　五葉木通　*Akebia × pentaphylla*　【あけび科】

生育地：本州〜九州

性型：雌雄同株（雌雄異花）。**茎**：落葉の蔓性木本。**葉**：葉は4〜5枚の小葉からなる掌状複葉、小葉は長さ5cm内外の楕円形で縁は波打つ。**花**：暗緑色でミツバアケビによく似るが、花序が短い点は、アケビに似ている。花期：3〜4月頃（4月30日撮影）。**果実**：長さ8cm内外の長楕円体で、熟すと開裂する。**メモ**：ミツバアケビとアケビの自然交雑種で、葉は、形と縁の波打つ特徴が前者に似て、数は5枚内外で後者に似る。

蔓（茎）が右巻き
複葉・9群 **巻きつき植物**

雌花
雄花
果実
表
裏
縁が波打ち
浅く切れ込む

〈主な撮影地／姶良市〉

ミツバアケビ　　三葉木通　*Akebia trifoliata*　【あけび科】
生育地：北海道～九州

性型：雌雄同株（雌雄異花）。**茎**：落葉性の木本。**葉**：小葉はふつう3枚、縁が波打っていて浅い切れ込みがある。**花**：暗赤紫色。雄花には長さ約5mmの6本の雄しべと退化した雌しべが、雌花には長さ約1cmで棍棒状の6～9本の雌しべと仮雄しべがつき、ともにアケビより小さくて花の色は濃い。花期：3～4月頃（3月26日撮影）。**果実**：長さ10cmを超え、濃紅紫色に熟す（10月13日撮影）。**メモ**：アケビの名は、実が開裂することを表す「開け実」からという。

59

巻きつき植物

蔓（茎）が右巻き
複葉・9群

両性花

果実

表

裏

〈主な撮影地／奄美大島〉

イルカンダ　　色葛　*Mucuna macrocarpa*　【まめ科】

生育地：大分県蒲江町、馬毛島、奄美大島以南の林内や林縁
別名：ウジルカンダ（雄弦葛）、クズモダマ、カマエカズラ（蒲江葛）

性型：雌雄同株（両性花）。**茎**：数mになる常緑の蔓性木本。**葉**：三出複葉で互生。頂小葉は幅6cm長さ12cm内外の長楕円形で、残りの2枚は左右非対称。先端はとがり基部は円形で、表面は無毛。**花**：太い蔓の途中から、直接大きな花序を垂らす。長さ25cm内外の花序には、暗赤紫色で長さ5cmほどの花が20個くらい集まっている。萼は淡緑色。花期：3～5月頃。**果実**：幅4cm長さ30cm内外のさやに5個ほどの種子。果期：4月以降。

蔓（茎）が右巻き
複葉・9群

巻きつき植物

雌花
幼果
雄花
果実
表
裏

〈主な撮影地／姶良市〉

ムベ　郁子　*Stauntonia hexaphylla*　【あけび科】

生育地：関東地方以西〜南西諸島　別名：トキワアケビ（常盤木通）

性型：雌雄同株（雌雄異花）。**茎**：常緑の木本。**葉**：楕円形の小葉が5〜7枚つく掌状複葉。**花**：花弁のように見える外側の3枚の萼は、広披針形で長さ約2cm。内側の3枚の萼は線形で、雄花では外側の萼より長く、雌花では短いという説があるが…。雄花にはくっついた6本の雄しべ、雌花には3本の雌しべと6本の仮雄しべがある。花期：3〜5月頃（3月27日撮影）。**果実**：長さ6cm内外の楕円体で、紅紫色に熟すが裂けない。10月頃熟す（10月31日撮影）。

巻きつき植物

蔓（茎）が右巻き
複葉・9群

両性花

果実

表

裏

〈主な撮影地／姶良市〉

ヤマフジ　　山藤　*Wisteria brachybotrys*　【まめ科】

生育地：日本の固有種で近畿〜九州

性型：雌雄同株（両性花）。**茎**：落葉の蔓植物で、蔓は右巻きに巻きつく。**葉**：9枚内外の小葉からなる奇数羽状複葉。小葉は長さ3cmほどの卵形で、裏に毛が密生する。**花**：フジよりもやや大きく直径2.5cmほど。花序はフジよりぐんと短く20cmくらいで、花の数も30内外。全部の花がほぼ一斉に開花する。花期：4〜5月頃（5月1日撮影）。**果実**：さやは13cmほどで、多くの毛に覆われている（6月5日撮影）。

蔓（茎）が右巻き
複葉・9群
巻きつき植物

両性花
果実
表
裏

〈主な撮影地／姶良市〉

クズ　葛　*Pueraria lobata*　【まめ科】
生育地：北海道〜九州

性型：雌雄同株（両性花）。**茎**：落葉性の蔓植物で、直径10㎝超、長さ数10mに伸び、基部は木質化する。**葉**：直径15㎝超の菱形状円形の小葉を3枚もつ三出複葉で、受ける光の強さによって小葉の角度を変える。**花**：花序は上向きに付き、基部から咲き上る。花期：8〜9月頃（9月7日撮影）。**果実**：褐色の毛を密生する（10月8日撮影）。**メモ**：風にあおられて葉裏の白色を見せる様子から裏見草、大繁殖して困らせるので恨み草とも。

巻きつき植物

蔓（茎）が右巻き
複葉・9群

両性花　果実

先端近くが幅広い

表　裏

〈主な撮影地／姶良市〉

タンキリマメ　痰切り豆　*Rhynchosia volubilis*　【まめ科】

生育地：千葉県以西

性型：雌雄同株（両性花）。**茎**：蔓性の多年草で、褐色の逆毛が密生しざらつく。**葉**：幅3㎝長さ4㎝ほどの倒卵状菱形の小葉からなる三出複葉で、皺が多い。先はあまりとがらない。裏に黄褐色の腺点がある。**花**：長さ1㎝ほどの黄色の花が15個内外集まって咲く。花期：7〜10月頃（9月20日撮影）。**果実**：幅8㎜長さ15㎜ほどで、鮮やかな赤色に熟し、中に光沢のある黒い種子を2個収めている（9月20日撮影）。

蔓（茎）が右巻き
複葉・9群 **巻きつき植物**

両性花

果実

表

裏

〈主な撮影地／姶良市〉

ツルマメ　　蔓豆　*Glycine max subsp. soja*　【まめ科】

生育地：北海道〜九州の日当たりのよい草むら

性型：雌雄同株（両性花）。**茎**：蔓性の一年草で、褐色の粗い逆毛が目立つ。**葉**：基部が広く長さ6cm内外の小葉からなる三出複葉で、両面に伏した短毛が多い。**花**：長さ約7mmで紅紫色の蝶形花。10本の雄しべは全てくっつく。花期：7〜9月頃（7月27日撮影）。**果実**：幅5mm長さ3cmほどで、褐色の毛が密生し、中に黒くて長楕円形の種子が数個入っている（10月24日撮影）。**メモ**：ダイズの原種とされる。

65

巻きつき植物

蔓（茎）が右巻き
複葉・9群

両性花　果実

基部近くが幅広い

表　裏

〈主な撮影地／霧島市〉

ノササゲ　野豇豆　*Dumasia truncata*　【まめ科】

生育地：日本特産　岩手県〜九州の半日陰の林縁など　別名：キツネササゲ（狐豇豆）

性型：雌雄同株（両性花）。**茎**：蔓は3m超になる。**葉**：緑白色で無毛の小葉からなる三出複葉で、白い斑が入るものが多い。中央の小葉は幅5cm長さ13cmに達するものもある。**花**：長さ15〜20mmの淡黄色の花が葉の脇に数個集まって咲く。筒状の萼の先から花弁が出る。花期：8〜10月頃（10月10日撮影）。**果実**：さやは長さ4cmほどで濃紫色、無毛。2片に割れるとクルリと巻いて、直径5mmほどで黒紫色の種子が4個ほど現れる。8〜11月頃熟す（11月3日撮影）。

蔓（茎）が右巻き
複葉・9群 **巻きつき植物**

両性花

果実

表

裏

基部近くが
幅広い

〈主な撮影地／姶良市〉

ヤブマメ　藪豆　*Amphicarpaea bracteata subsp. edgeworthii var. japonica*　【まめ科】

生育地：北海道〜九州の日当たりの良い乾燥地

性型：雌雄同株（両性花）。**茎**：蔓性の多年草で、下向きの毛が付く。**葉**：広い卵形の小葉をもつ三出複葉で、葉の両面には短毛が圧着する。**花**：淡紫色で長さ約15㎜の筒状花が5個内外放射状に集まって咲く。花期：8〜10月頃（10月3日撮影）。**果実**：長さ3㎝内外の扁平な楕円形で、縁に毛があるが表面は無毛。種子は直径3㎜ほどの球形で、暗褐色に黒斑が混じる。地中に落花生のような果実もできる（11月15日撮影）。

巻きつき植物
蔓（茎）が右巻き
複葉・9群

（画像中ラベル：両性花／果実／中央部が幅広い／表／裏）

〈主な撮影地／霧島市〉

ヒメクズ　姫葛　*Dunbaria villosa*　【まめ科】

生育地：宮城県以南〜奄美大島の草むらや林縁　　別名：ノアズキ（野小豆）

性型：雌雄同株（両性花）。**茎**：蔓性の多年草で、下向きの細かい毛がある。**葉**：長さ3cmほどの菱形の小葉からなる三出複葉で、両面に細かい毛があり、裏の赤い腺点が目につく。**花**：竜骨弁の先が曲がって左右が非対称な形になっている、長さ1.5cm内外の黄色花。花期：8〜9月頃（9月13日撮影）。**果実**：長さ4cmほどでビロード状の毛が密生し、6個内外の種子が入っている（10月16日撮影）。

蔓（茎）が右巻き
複葉・9群 **巻きつき植物**

両性花　果実

基部近くが
張り出す

表　裏

〈主な撮影地／姶良市〉

ヤブツルアズキ　藪蔓小豆　*Vigna angularis var. nipponensis*　【まめ科】

生育地：本州〜九州の日当たりの良い草地やフェンスなど

性型：雌雄同株（両性花）**茎**：蔓性の一年草。黄褐色の長い毛をつける。**葉**：三出複葉で、小葉は基部近くが浅く切れ込んでいて、先は急にとがる。**花**：長さ2cmほどの黄色花で、形・大きさともにヒメクズによく似ていて、左右が非対称。**花期**：8〜9月頃（9月13日撮影）。**果実**：無毛で幅4mm長さ5cmほど。10個内外の種子を収め、さやが乾くとねじれて種子を飛ばす（10月1日撮影）。**メモ**：アズキの原種。

69

巻きつき植物

蔓（茎）が右巻き
複葉・9群

モミジヒルガオ　　紅葉昼顔　*Ipomoea cairica*　【ひるがお科】

生育地：北アフリカ原産、屋久島以南　　別名：モミジバヒルガオ（紅葉葉昼顔）

性型：雌雄同株（両性花）。**茎**：蔓性の常緑多年草。細くて無毛で、高さ5m超に伸びて、林縁を覆う。**葉**：楕円形の5〜7枚の小葉からなる掌状複葉。**花**：直径6cmほどで赤紫色。花筒の内部は濃紅色。花期：6〜11月頃（8月16日撮影）。**果実**：直径1cmほどの球形で、種子に長い毛がある。**メモ**：屋久島では南部の地域（安房など）に自生が見られる。鹿児島県本土での栽培家によると、種子は見たことがないという。

蔓（茎）が右巻き
単葉・切れ込み有り・10群

巻きつき植物

〈主な撮影地／霧島市〉

オオツヅラフジ　　大葛藤　*Sinomenium acutum*　【つづらふじ科】

生育地：関東地方以西〜南西諸島　　別名：ツヅラフジ（葛藤）

性型：雌雄異株。**茎**：木性の蔓植物。**葉**：葉身は広卵形で長さ約10cm、ふつう5ほどに浅く裂ける。全体が無毛で、表面は濃い緑色で光沢がある。裏は白っぽくて、若いときだけ毛がある。柄は葉の縁に付く。**花**：淡緑色、雄花には10本近くの雄しべ、雌花には3本ずつの仮雄しべと雌しべがある。萼と花弁は6枚ずつ。花期：6〜7月頃（6月27日撮影）。**果実**：直径7mmほどの球形で、黒く熟す。

巻きつき植物

蔓（茎）が右巻き
単葉・切れ込み有り・10群

両性花
果実
表
裏

〈主な撮影地／薩摩川内市〉

ホソバウマノスズクサ　　細葉馬の鈴草　*Aristolochia kaempferi* var. *trilobata*　【うまのすずくさ科】

生育地：近畿地方以西　　別名：アリマウマノスズクサ（有馬馬の鈴草）

性型：雌雄同株（両性花）。**茎**：オオバウマノスズクサの変種、蔓性の木本で、高さ2mほどに這い上がる。**葉**：オオバウマノスズクサの葉が深く裂けた形で、やや葉質が薄く幅が狭く、基部の両肩は丸みを帯び、互生する。**花**：オオバウマノスズクサの花にそっくりの形をしているが、やや小ぶりである。花期：5～6月頃（5月2日撮影）。**果実**：幅2cm長さ4cmほどの長楕円体。**メモ**：本種の仲間は、ジャコウアゲハ（アゲハチョウ科のチョウ）の食草となる。牧野富太郎が有馬温泉近くで見出した。

蔓（茎）が右巻き
単葉・切れ込み有り・10群 **巻きつき植物**

果実

両性花　種子

表　裏

〈主な撮影地／姶良市〉

オオバウマノスズクサ　　大葉馬の鈴草　*Aristolochia kaempferi*　【うまのすずくさ科】

生育地：関東～九州

性型：雌雄同株（両性花）。**茎**：緑色で滑らか、直径2cmほどで高さ3m超に這い上がる。**葉**：長さ13cm内外の心形で幅が広く、互生する。表は黄緑色で裏は白っぽい。**花**：筒形で、楽器のサキソフォン状に曲がって面白い形をしている。先端は尾状に伸びない。内面に明瞭な濃い色の筋が多く走っている。雄しべは6本。花期：5～6月頃（5月28日撮影）。**果実**：5cmほどの楕円体で、多くの種子が積み重なって収まっている（7月11日撮影）。

巻きつき植物

蔓（茎）が右巻き
単葉・切れ込み有り・10群

両性花 　果実

コヒルガオ　表　基部が張り出る

表　　裏

〈主な撮影地／霧島市〉

ヒルガオ　　昼顔　*Calystegia japonica*　【ひるがお科】

生育地：北海道〜九州の道路わきや川岸の明るい草むら

性型：雌雄同株（両性花）。**茎**：蔓性の多年草で、道路わきの植え込みなどに巻きついていて、高さ2mに達する。**葉**：葉身は幅がせまく、長さ10cmほどの矢尻形で、上部が張り出している。互生する。**花**：直径7cm内外の漏斗形で淡紅色、昼間もしぼまない。花柄上部にギザギザの翼がない。大形の包葉が2枚ある。花期：6〜7月頃（6月18日撮影）。**果実**：褐色の球形だが、できにくい（10月2日撮影）。

蔓（茎）が右巻き
単葉・切れ込み有り・10群

巻きつき植物

花柄のいぼ状突起物

両性花　　果実

表　　裏

〈主な撮影地／姶良市〉

ホシアサガオ　　星朝顔　*Ipomoea triloba*　【ひるがお科】

生育地：北米原産の帰化植物で各地に帰化

性型：雌雄同株（両性花）。**茎**：一年生の蔓植物。**葉**：幅4cm長さ5cmほどの卵円形で、まったく切れ込まないものから、3つに深く切れ込むものまで多様。**花**：柄が長く、葉より抜きん出ているので花がよく見える。直径1cmほどの五角形、花弁は淡紅色で中心部は濃い紅色。花柄にいぼ状突起物がまばらにつく。花期：7～9月頃（8月13日撮影）。**果実**：ややつぶれた球形で、先端に長い毛がつく（9月6日撮影）。

巻きつき植物

蔓（茎）が右巻き
単葉・切れ込み有り・10群

両性花
花柄のいぼ状突起物
両性花・白
果実
表
裏

〈主な撮影地／姶良市〉

マメアサガオ　豆朝顔　*Ipomoea lacunosa*　【ひるがお科】

生育地：アメリカ原産で、各地に帰化

性型：雌雄同株（両性花）。**茎**：一年生の蔓植物。**葉**：細い柄があり、卵円形で先がとがり基部は心形。3つに裂けるものから、ほとんど切れ込まないものまで多様。**花**：白色または淡紅色の漏斗形で、5つに浅く切れ込み、五角形に見える。柄が短いので葉に隠れるように咲く。長さ2cmほどの柄に多くのいぼ状突起物が付く。花期：7〜10月頃（9月13日撮影）。**果実**：ややつぶれた円形（9月13日撮影）。

蔓（茎）が右巻き
単葉・切れ込み有り・10群
巻きつき植物

〈主な撮影地／姶良市〉

リュウキュウアサガオ　　琉球朝顔　*Ipomoea nil*　【ひるがお科】

生育地：各地で栽培　　別名：オーシャンブルー、宿根朝顔

性型：雌雄同株（両性花）。**茎**：長さ10m超に這い上がる。**葉**：ハート形や普通のアサガオ形の葉が混じる。**花**：ノアサガオの園芸品種。午前中は紫色、午後からは少し紅色がかり夕方にはしぼむ。直径10cm以上になり、晩秋まで花が見られる。11月頃まで花を咲かせる（9月13日撮影）。**果実**：できない。**メモ**：とても繁殖力が強く、さし木で一度植えると毎年現れて、一帯を覆うように繁る。好きな人にはよいが、迷惑がっている人もいるようだ。

77

巻きつき植物

蔓（茎）が右巻き
単葉・切れ込み無し・対生・11群

両性花　果実　表　裏

〈主な撮影地／屋久島町〉

ハナガサノキ　花笠木　*Morinda umbellata*　【あかね科】

生育地：屋久島以南の明るい林縁

性型：雌雄同株（両性花）。**茎**：蔓性の常緑低木で6m内外になり、蔓を絡ませながら樹木を這い上がる。**葉**：幅3cm長さ8cmほどの長楕円形で対生する。**花**：8個くらいの花がまとまって咲き、各花は白色で脚の長い杯状、花冠の先は深く5つに切れ込む。花期：7〜8月頃（7月27日撮影）。**果実**：多数の液果が合着した直径1cmほどのゆがんだ複合果をつけ、赤橙色に熟す（8月28日撮影）。

蔓(茎)が右巻き
単葉・切れ込み無し・対生・11群 **巻きつき植物**

〈主な撮影地／屋久島町〉

サカキカズラ　　榊葛　*Anodendron affine*　【きょうちくとう科】

生育地：千葉県以西

性型：雌雄同株（両性花）。**茎**：常緑の蔓植物で、毛がない。**葉**：質が厚く、長さ10cmほどで対生する。表は暗緑色で光沢がある。**花**：直径1cmほど、淡黄色で、花冠は5つに深く裂けている。5本の雄しべは花筒についていて、雌しべは1本。**花期**：6月頃（6月30日撮影）。**果実**：長さ10cmほどの角状のもの2個が、横並びにくっついており、秋に開裂して長毛のある種子を風に飛ばす（7月27日撮影）。

79

巻きつき植物

蔓（茎）が右巻き
単葉・切れ込み無し・対生・11 群

両性花

毛がある

表　　　裏

〈主な撮影地／指宿市〉

ナンゴクカモメヅル　　南国鴎蔓　*Cynanchum austrokiusianum*　【ががいも科】

生育地：鹿児島県、宮崎県

性型：雌雄同株（両性花）。**茎**：蔓性の多年草で、少し曲がった毛がつく。**葉**：幅2㎝長さ7㎝ほどの三角状卵形で、1㎝ほどの柄で対生する。先はとがり基部は心形で、両面に毛がある。**花**：黄白色で花冠の裂片は長さ7㎜ほどで無毛。花期：8〜9月頃（9月6日撮影）。**果実**：幅7㎜長さ5㎝ほどで種子には狭い翼がある。**メモ**：鹿児島県内では、池田湖と種子島の一部にしか確認されていない種で、絶滅危惧種に分類されている。

蔓（茎）が右巻き
単葉・切れ込み無し・対生・11群

巻きつき植物

両性花

光沢がある

表　裏

〈主な撮影地／霧島市〉

トキワカモメヅル　　常盤鴎蔓　*Tylophora japonica*　【ががいも科】

生育地：四国・九州以南の暖地の林縁

性型：雌雄同株（両性花）。**茎**：蔓性の多年草で無毛。**葉**：幅3cm長さ10cmほどの長楕円状披針形で対生し、先はとがり基部は円形。質は厚くて光沢がある。冬も落葉しないのでトキワ（常盤）を冠する。**花**：直径8mmほどで紫色、無毛。5cmほどの柄の先につく花序にまばらにつく。花期：6〜7月頃（7月2日撮影）。**果実**：長さ10cm近くの披針形で、普通1個ずつつく。**メモ**：アサギマダラ（タテハチョウ科のチョウ）の食草。

巻きつき植物

蔓（茎）が右巻き
単葉・切れ込み無し・対生・11 群

両性花

果実

光沢が強い

表

裏

〈主な撮影地／霧島市〉

キジョラン　　鬼女蘭　*Marsdenia tomentosa*　【ががいも科】

生育地：関東以南の暖地の常緑林

性型：雌雄同株（両性花）。**茎**：常緑の多年生蔓植物。**葉**：幅 10 ㎝長さ 12 ㎝ほどで対生し、厚くて光沢がある。葉身の基部は心形〜円形。表は濃緑色で裏は淡緑色。**花**：直径 4 ㎜ほどの鐘形で緑白色。先が 5 裂し、わずかに開く程度に咲く。花期：8 〜 10 月頃（10 月 11 日撮影）。**果実**：長さ 13 ㎝ほどの楕円体で、長い白毛をつけた種子を風に飛ばす（12 月 20 日撮影）。**メモ**：蝶アサギマダラの食草。和名は、果実の毛から、白髪を振り乱した鬼女を想像したという。

蔓（茎）が右巻き
単葉・切れ込み無し・対生・11群

巻きつき植物

〈主な撮影地／屋久島町〉

ツルモウリンカ　蔓茉莉花　*Tylophora tanakae*　【ががいも科】

生育地：伊豆七島以南

性型：雌雄同株（両性花）。**茎**：蔓性の常緑多年草。2mほどに伸び、他物を這い上がる。淡褐色の毛がつく。**葉**：幅3cm長さ5cmほどの卵状楕円形、約1cmの柄で対生する。**花**：直径5mmほどで、先が5つに深裂した淡黄色の小花が、葉のつけ根から出る柄に集まって咲く。**花期**：8～9月頃（8月16日撮影）。**果実**：直径6mm長さ4cmほどの袋果が一直線上に2個くっついており、割れると毛を密生した種子が現れる（9月26日撮影）。

83

巻きつき植物

蔓（茎）が右巻き
単葉・切れ込み無し・対生・11群

両性花

縁に角がある

表　裏

〈主な撮影地／屋久島町〉

ベンガルヤハズカズラ　　ベンガル矢筈葛　*Thunbergia grandiflora*　【きつねのまご科】

生育地：熱帯アジアに自生

性型：雌雄同株（両性花）。**茎**：蔓性の常緑多年生草本で10m近くに伸びて、藪一面を覆う。基部は木質化し、地下部は多肉質の塊状。**葉**：葉身は幅13㎝長さ17㎝内外で、葉縁に角があることで、花の形がよく似た仲間から区別できる。**花**：直径5㎝ほどで淡青紫色、葉の脇に1個咲く。12〜3月は少なく、4月以降に多く咲く（8月17日撮影）。**果実**：乾くと縦に割れる。**メモ**：屋久島南部の暖地の道路わきでは、植栽されたものが半野生化して繁っている。

蔓（茎）が右巻き
単葉・切れ込み無し・対生・11群

巻きつき植物

雌花　果実　雄花　開裂　むかご　表　裏

〈主な撮影地／姶良市〉

ヤマノイモ　山の芋　*Dioscorea japonica*　【やまのいも科】
生育地：本州以南　別名：ジネンジョ（自然薯）、ヤマイモ（山芋）

性型：雌雄異株。**茎**：細長く、数mに伸びて他物に絡みつく多年生の蔓草。**葉**：三角状披針形で、基部は深く切れ込んだ心形で先はとがる。対生が基本だが、互生の部分もある。葉のつけ根ごとに、おいしいムカゴをつける。**花**：雄花は直立してつき、雌花は垂れてつく。花期：7〜8月頃（8月13日撮影）。**果実**：3枚の翼をもつ幅広い円形で、完熟して3片に離れると、円形の薄い膜に囲まれた種子が現れる（9月13日撮影）。

巻きつき植物

蔓（茎）が右巻き
単葉・切れ込み無し・互生・12群

雄花1

雄花2

むかご

横筋が多い

葉柄基部

表

裏

〈主な撮影地／姶良市〉

マルバドコロ　　丸葉野老　　*Dioscorea bulbifera*　【やまのいも科】

生育地：本州以南　　別名：ニガガシュウ（苦何首烏）

性型：雌雄異株、日本には雌株は滅多にないらしい。**茎**：落葉の多年草。直径8mmほどと太く、右巻きに這い上がる。**葉**：長さ20cm超のほぼ円形で、厚くて光沢があり互生。葉柄の基部に縮れた翼があって溝状になっている。葉面に横筋が多く見られる。**花**：雄株では、赤紫色の小花が穂状に集まって垂れてつく。6花弁は細長く、6本の雄しべがある。花期：8～9月頃（8月31日撮影）。**果実**：直径10cm近くのムカゴがつくが、果実はできない。

蔓（茎）が右巻き
単葉・切れ込み無し・互生・12群

巻きつき植物

〈主な撮影地／霧島市：栽〉

ツルドクダミ　　蔓蕎草　*Fallopia multiflora*　【たで科】

生育地：中国原産で18世紀初め頃渡来

性型：雌雄同株（両性花）。**茎**：多年生の帰化植物で、2mほどになり、地下には芋状の茎がある。**葉**：幅4cm長さ7cmほどで互生する。**花**：白〜淡紅色で、萼は5に深く裂ける。**花期**：8〜10月頃。**果実**：長さ2mmほど、暗褐色で光沢がある。**メモ**：葉がドクダミに似ることから和名はついた。漢方では塊根を「何首烏（かしゅう）」とよび、地中を横に這う円形の根茎を滋養強壮、強精、便秘薬に使うという。

巻きつき植物

蔓（茎）が右巻き
単葉・切れ込み無し・互生・12群

（両性花）
（果実）
（果実と種子）
（表）
（裏）

〈主な撮影地／霧島市〉

ツルニンジン　蔓人参　*Codonopsis lanceolata*　【ききょう科】

生育地：北海道〜九州の山麓の林下　別名：ジイソブ（爺そぶ）

性型：雌雄同株（両性花）。**茎**：蔓性の多年草で、切ると白い乳液が出て特異な臭いがする。**葉**：主軸に互生する長さ2cmほどの小さい葉の他に、横に伸びた枝の先に3〜4枚が集まってつく。長さ7cm内外の卵状披針形、無毛で裏は粉白色を帯びる。**花**：長さ3cmほどの広い鐘形で、5裂する花弁の先は反り返る。外が白く内に紫褐色の模様があり、側枝の先に垂れて咲く。花期：8〜10月頃（9月13日撮影）。**果実**：平べったい5角形（10月20日撮影）。

蔓（茎）が右巻き
単葉・切れ込み無し・互生・12群
巻きつき植物

両性花

果実

表

裏

〈主な撮影地／日置市：栽〉

アオカズラ　青葛　*Sabia japonica*　【あわぶき科】

生育地：四国、九州に稀　別名：ルリビョウタン（瑠璃瓢箪）

性型：雌雄同株（両性花）。**茎**：蔓性の落葉低木。落葉後の葉柄基部が発達した、先が2裂する棘がつく。**葉**：卵状楕円形で、幅3cm長さ7cm内外。全縁で、長さ1cmほどの葉柄をもち、互生する。表は濃い緑色で光沢があり、裏は白っぽい。**花**：黄緑色。直径約8mmで開葉前に葉のつけ根に数個つく。花期：3～4月頃（3月12日撮影）。**果実**：瑠璃色に熟し、長さ6mmほどの扁平な楕円体が2つ並んだ形になる（11月1日撮影）。別名は、この形をヒョウタンに見立てたもの。

巻きつき植物

蔓（茎）が右巻き
単葉・切れ込み無し・互生・12群

雌花

雄花

果実

表

裏

〈主な撮影地／姶良市〉

アオツヅラフジ　　青葛藤　*Cocculus trilobus*　【つづらふじ科】

生育地：本州〜南西諸島　　別名：カミエビ（神海老）

性型：雌雄異株。**茎**：落葉の蔓性木本。毛が密生する。**葉**：広卵形で長さ8cmほど、薄い緑色で浅く3つに切れ込むものもある。**花**：直径約3mmで、萼と花弁は6枚ずつ。花弁は長楕円形で萼よりずっと細く、先は2裂する。雄花には6本の雄しべと6本の仮雌しべ、雌花には6本の雌しべと6本の仮雄しべがある。花期：7〜8月頃（7月12日撮影）。**果実**：直径6mmほどの球形で藍黒色に熟すが、苦くて食べられない（8月31日撮影）。

蔓（茎）が右巻き
単葉・切れ込み無し・互生・12群
巻きつき植物

雌花

雄花　果実

表　裏　葉柄は楯状につく

〈主な撮影地／屋久島町〉

ハスノハカズラ　　蓮の葉葛　*Stephania japonica*　【つづらふじ科】
生育地：東海地方以西の海岸近くの山地

性型：雌雄異株。**茎**：常緑の蔓性木本。**葉**：長さ10cmほどの三角状卵形で光沢があり、柄は葉縁から3分の1ほど入った辺りに楯状につく。裏は白っぽい。**花**：直径3cmほどで淡緑色の小花が、球形に多数集まって咲く。萼は雄花が6〜8枚、雌花は3〜4枚。花弁は両花とも3〜4枚。雄しべは6本で完全に合着し、雌しべは1本。花期：7〜9月頃（9月6日撮影）。**果実**：直径6mmほどの球形で赤く熟す（8月17日撮影）。

巻きつき植物

蔓（茎）が右巻き
単葉・切れ込み無し・互生・12群

両性花

果実

表

裏

〈主な撮影地／鹿児島市〉

ウマノスズクサ　　馬の鈴草　*Aristolochia debilis*　【うまのすずくさ科】

生育地：関東地方以西の河原や土手

性型：雌雄同株（両性花）。**茎**：無毛の多年生の蔓草で、長さ1m近くになり、よく分枝する。**葉**：幅3cm長さ6cmほどの三角状卵形で基部は心形、基部の両側が耳状に広がる。**花**：長さ4cmほどの筒形で黄緑色。基部は球形に膨らみ、先は筒を斜めに切ったような形に開き、先端は尾状に伸びる。花期：6～8月頃（6月13日撮影）。**果実**：幅2cm長さ3cmほどの楕円体で、熟すと基部のほうから割れて吊り下がる（1月4日撮影）。

蔓（茎）が右巻き
単葉・切れ込み無し・互生・12群
巻きつき植物

両性花

雌花

正常な果実

雄花

虫こぶ

花期に
白くなる

表

裏

〈主な撮影地／霧島市〉

マタタビ　　木天蓼　*Actinidia polygama*　【またたび科】

生育地：北海道〜九州

性型：雌雄異株（雄株、雌株、両性株）。**茎**：落葉の蔓性低木。**葉**：長さ13㎝内外の広卵形〜楕円形で基部が丸く、互生する。鋸歯は低くて揃っている。花が咲く頃に白くなる。**花**：直径3㎝ほどで白く、芳香がある。雄株には雄しべだけの雄花を、両性株には雄しべと雌しべをもった両性花をつけ、雌しべだけの雌花をつける雌株もある。花期：6〜7月頃（6月5日撮影）。**果実**：楕円体で先が細くなり、長さ3㎝。8〜9月頃熟す。虫こぶが多い（7月25日撮影）。

93

巻きつき植物

蔓（茎）が右巻き
単葉・切れ込み無し・互生・12群

果実

葉柄が赤い

雄花　断面

鋸歯は
大小不揃い　表　　裏

〈主な撮影地／霧島市〉

サルナシ　　猿梨　*Actinidia arguta*　【またたび科】

生育地：北海道〜九州　　別名：シラクチヅル、コクワ

性型：雌雄異株。**茎**：落葉の低木。直径10cmほどに太くなり這い上がる。灰白色で滑らか。**葉**：幅5cm長さ7cmほどの広楕円形で互生し、先端がとがり基部は円形。側脈は6〜7対で柄が赤く、細かくて大小不揃いな鋸歯が縁に並ぶ。**花**：白色の5弁花で、葉のつけ根に下向きに垂れて咲き、雄花は数個集まり、雌花は1個咲く。花期：5〜7月頃（5月14日撮影）。**果実**：緑色がかった球形で、中に細かい種子が多数入っている。10〜11月頃熟す（10月16日撮影）。

蔓（茎）が右巻き
単葉・切れ込み無し・互生・12群
巻きつき植物

果実

両性花

断面

鋸歯は
大きさが揃う

表　　裏

〈主な撮影地／屋久島町〉

シマサルナシ　　島猿梨　*Actinidia rufa*　【またたび科】
生育地：本州西部以南　　別名：ナシカズラ（梨葛）

性型：雌雄同株（雌雄異花）。**茎**：灰黒色で直径20cmほどになり、縦横に深い亀裂がある。**葉**：幅6cm長さ10cmほどの卵状広楕円形で、先がとがり基部は円形で互生する。無毛で光沢があり、縁に揃った鋸歯が並ぶ。**花**：直径15mmほどの花が多数つき、花序、萼、子房に赤褐色の軟らかい毛を密生する。花期：5～6月頃（5月28日撮影）。
果実：直径2.5cm長さ4cmほどの褐色の広楕円体。そっくりなキウイフルーツはシナサルナシの改良品という。8～10月頃熟す（8月17日撮影）。

巻きつき植物

蔓（茎）が右巻き
単葉・切れ込み無し・互生・12群

葉は互生
両性花
果実
表
裏

〈主な撮影地／霧島市〉

コバノクロヅル　　小葉の黒蔓　*Tripterygium doianum*　【にしきぎ科】

生育地：九州南部と屋久島

性型：雌雄同株（雄花と両性花）。**茎**：蔓性の落葉低木。直径10cm超になり、鹿児島・宮崎両県境の霧島山では、アカマツの幹を頂上まで這い上がり、中には絞め枯らされた感じのアカマツも見られる。**葉**：幅4cm長さ7cmほどの広卵形で互生し、縁に鋸歯が並ぶ。枝葉の感じが、ユキノシタ科のノリウツギに似るが、そちらは葉が対生。**花**：花序に全く毛がない。花期：7～8月頃（7月20日撮影）。**果実**：淡緑色で3翼がある。9月頃熟す（7月25日撮影）。

蔓（茎）が右巻き
単葉・切れ込み無し・互生・12群
巻きつき植物

〈主な撮影地／日置市〉

テリハツルウメモドキ　照葉蔓梅擬　*Celastrus punctatus*　【にしきぎ科】

生育地：九州

性型：雌雄異株。**茎**：蔓性の落葉低木で木質化する。**葉**：葉身は長さ4cmほどの楕円形で光沢があり、明るい緑色。**花**：雌雄どちらも直径約5mm、淡黄色の小花で、花弁と萼は5枚。雄花には退化雌しべ、雌花には退化雄しべもつく。花期：4～5月頃（4月17日撮影）。**果実**：濃い黄色の果皮に包まれた直径1cmほどの球形で、熟すと3片に割れ、各室から朱赤色の種皮を被った種子を1個ずつ出す。10～12月頃熟す（12月16日撮影）。

97

巻きつき植物

蔓（茎）が右巻き
単葉・切れ込み無し・互生・12群

両性花
両性花・白
果実
表
裏

〈主な撮影地／日置市〉

ノアサガオ　　野朝顔　*Ipomoea indica*　【ひるがお科】

生育地：伊豆半島以西の海岸近くの崖など

性型：雌雄同株（両性花）。**茎**：蔓性の多年草で、高さ10ｍくらいにも這い上がる。基部は直径1㎝ほどになり、木質化する。**葉**：長い柄につき、葉身は長さ10㎝ほどで、両面とも毛がある。**花**：赤紫色で直径7㎝ほど、午後にはしぼむ。萼は先がとがり、その下に2枚の狭い包葉が対生する。花期：4〜12月頃（7月3日撮影）。**果実**：球形で、長さ4㎜ほどの種子が収まっている（8月11日撮影）。

蔓（茎）が右巻き
単葉・切れ込み無し・互生・12群

巻きつき植物

〈主な撮影地／日置市〉

マルバルコウソウ　　丸葉縷紅草　*Quamoclit coccinea*　【ひるがお科】

生育地：本州中部以西への帰化植物で日当たりのよい草藪など

性型：雌雄同株（両性花）。**茎**：つる性の一年草で、3mほどに伸びて、他の植物を這い上がる。**葉**：ハート形で葉縁に鋸歯はない。**花**：葉のつけ根から出る長い柄の先に、直径2cm足らずの五角形をした朱赤色で漏斗状をした花が、3～5個咲く。花の中心部は黄色、萼は5枚、雄しべは5本で、1本の雌しべが花冠から長く突き出る。午後にはしぼむ。花期：7～10月頃（9月29日撮影）。**果実**：直径6mmほどの球形（10月15日撮影）。

巻きつき植物

蔓（茎）が右巻き
葉がない・13群

両性花

果実

〈主な撮影地／南大隅町〉

アメリカネナシカズラ　　アメリカ根無葛　*Cuscuta pentagona*　【ひるがお科】

生育地：北米原産で20世紀中ごろに帰化し、全国に生育

性型：雌雄同株（両性花）。**茎**：蔓性の寄生植物で、蔓は直径1mm内外と細く、黄色で斑点はつかない。**葉**：うろこ状に変形して目立たない。**花**：雌しべの先は2つに分かれる。花期：7～10月頃（9月26日撮影）。**果実**：ほぼ球形で4個の種子が入っている。8～10月頃熟す（9月26日撮影）。**メモ**：地中の種子が発芽して蔓を伸ばし、宿主に根を差し込むことに成功すると根が枯れて、寄生生活にはいる。

蔓（茎）が右巻き
葉がない・13群 **巻きつき植物**

〈主な撮影地／屋久島町〉

スナヅル　　砂蔓　*Cassytha filiformis*　【くすのき科】
生育地：屋久島以南の日当たりのよい海岸の砂地

性型：雌雄同株（両性花）。**茎**：直径2mmほどの糸状で長さ5mほどに伸びている蔓性の寄生植物。吸盤状の根で着生する。**葉**：退化して長さ2mmほどの鱗片になり、互生する。縁に細かい毛がある。**花**：直径3mmほどで淡黄色、1年中咲く（8月16日撮影）。**果実**：直径8mmほどの卵球形で白く熟す。草本類で、クスノキ科というのが不思議に感じられるが、果実はクスノキの果実にそっくりで、納得させられる（9月25日撮影）。

這い上がり植物 複葉・14群

〈主な撮影地／霧島市〉

ツタウルシ　蔦漆　*Rhus ambigua*　【うるし科】
生育地：北海道〜九州の山林

性型：雌雄異株。**茎**：直径10cm超になり、着生根で這い上がる。霧島山では、アカマツの樹幹を頂上まで這い上がって、宿主のアカマツが息絶え絶えになっているのを見かける。**葉**：三出複葉、小葉は幅4cm長さ7cm内外の卵状楕円形で先がとがり、表面は光沢がある。**花**：長さ10cmほどの円錐花序につき、黄緑色で直径約5mm。花期：6〜7月頃。**果実**：つぶれた球形で、縦に多くの皺が入る。8〜9月頃熟す。

複葉・14群 **這い上がり植物**

両性花　果実

表　裏　毛がある

〈主な撮影地／姶良市：植栽〉

アメリカノウゼンカズラ　　アメリカ凌霄花　*Campsis radicans*　【のうぜんかずら科】

生育地：　北米原産

性型：雌雄同株（両性花）。**茎**：落葉の蔓性木本で、長さ10m以上になり、着生根で這い上がる。**葉**：長さ30cm内外で対生し、7〜11枚の小葉からなる奇数羽状複葉。縁に粗い鋸歯がある。表は無毛だが裏には毛が生えている。**花**：新しい枝先に、短い花柄をもつ花が10個内外集まって咲く。赤橙色の花をよく見かけるが、色には変異がある。**花期**：7月頃以降（8月7日撮影）。**果実**：さや状で、中に翼のある種子が多く入っている（8月7日撮影）。

這い上がり植物 複葉・14群

両性花　果実　表　裏

〈主な撮影地／姶良市：植栽〉

ノウゼンカズラ　凌霄花　*Campsis grandiflora*　【のうぜんかずら科】
生育地：中国原産

性型：雌雄同株（両性花）。茎：無毛で、長さ10mくらいに伸びる。着生根を他物に張り付かせて這い上がる。葉：7〜9枚の卵形の小葉からなる奇数羽状複葉で対生し、小葉は先が長くとがり、縁に粗い鋸歯がある。両面が無毛で光沢がある。花：新しい枝の先に多くの花が円錐形に集まって咲き、花は濃い赤橙色で美しい。花期：7月頃以降（8月9日撮影）。果実：直径1cm長さ15cmほどの豆のさや状の実がなる（8月6日撮影）。

単葉・切れ込み有り・15群 **這い上がり植物**

〈主な撮影地／姶良市〉

ツタ　蔦　*Parthenocissus tricuspidata*　【ぶどう科】
生育地：北海道〜九州　別名：ナツヅタ（夏蔦）

性型：雌雄同株（両性花）。**茎**：岩や樹木を、吸盤で吸い付くようにして這い上がる。**葉**：長さ15cmほどの柄をもち、葉身は幅10cm内外の卵形で3中裂するが、若い株の葉は完全に3小葉に分かれることもある。**花**：黄緑色で直径約4mmの小さな花で、花弁と雄しべは5、雌しべは1本。開花後に花弁と雄しべは落ちてしまう。花期：6〜7月頃（7月9日撮影）。**果実**：直径5mm内外の球形で、藍黒色に熟す。10〜11月頃熟す（10月16日撮影）。**メモ**：別名は、落葉植物で夏だけ葉があることによる。

這い上がり植物

単葉・切れ込み有り・15群

両性花　果実　表　裏

〈主な撮影地／霧島市〉

キヅタ　木蔦　*Hedera rhombea*【うこぎ科】

生育地：全国　別名：フユヅタ（冬蔦）

性型：雌雄同株（両性花）。**茎**：常緑の蔓性低木、多数の着生根で樹木を這い上がる。**葉**：厚みがあり、長さ3cmほどの柄で互生。菱形状卵形で鋸歯がなく、濃い緑色で光沢がある。若枝の葉は3裂する。**花**：黄緑色の5弁花で、枝先に球形に集まって咲く。花期：10〜12月頃（11月14日撮影）。**果実**：翌春に直径6mmほどの球形の果実が黒く熟し、ヤツデに似た感じで球状に集まってつく（3月19日撮影）。**メモ**：ヘデラと称し、グラウンドカバーとして植えられるものの仲間。

単葉・切れ込み無し・対生・16群 **這い上がり植物**

鋸歯は深くて粗い　表　裏

〈主な撮影地／薩摩川内市〉

イワガラミ　　岩絡　*Schizophragma hydrangeoides*　【ゆきのした科】
生育地：北海道～九州

性型：雌雄同株（両性花）。**茎**：落葉の蔓植物で、岩などを5m超に這い上がる。**葉**：長さ13cm内外の広卵形、長い柄で対生し、基部は円形。鋸歯は深くて粗く、裏は粉白色。表はほとんど無毛。**花**：萼が変化した白い装飾花（1枚で構成）に縁どられた、中心部の両性花の5花弁は、狭い卵形で先がくっついたまま開かず、全体がまとまってとれる。**花期**：5～7月頃（7月5日撮影）。**果実**：先のほうが広い円錐形（7月5日撮影）。

這い上がり植物

単葉・切れ込み無し・対生・16群

装飾花
両性花
果実
表
鋸歯は細かい
裏

〈主な撮影地／鹿児島市〉

ツルアジサイ　蔓紫陽花　*Hydrangea petiolaris*　【ゆきのした科】

生育地：北海道〜九州の湿潤な森林内　別名：ゴトウヅル（後藤蔓）

性型：雌雄同株（両性花）。**茎**：蔓性の落葉低木で長さ15mにもなり、樹木や岩を這い上がる。**葉**：長さ8cm内外の広卵形、長い柄で対生し基部は円形、鋸歯は細かくて整然として見える。両面の脈上に毛がある。**花**：白色の装飾花（萼が変化したもの）は、4枚内外で倒卵形。両性花の5花弁は先端がくっついていて、まとまってとれる。雄しべはふつう20本ほど。花期：6〜7月頃（7月5日撮影）。**果実**：球形（7月25日撮影）。

単葉・切れ込み無し・対生・16群　**這い上がり植物**

果実

表　裏

〈主な撮影地／霧島市〉

ツルマサキ　　蔓正木　*Euonymus fortunei*　【にしきぎ科】

生育地：北海道〜九州

性型：雌雄同株（両性花）。**茎**：常緑の蔓性低木で直径 5 cm 超、高さ 10 m ほどになり、着生根で高木や石垣をよじ登る。**葉**：幅 3 cm 長さ 5 cm ほどの楕円形で対生し、質は厚く光沢がある。縁にはっきりした鋸歯がある。**花**：直径 6 mm ほどで黄緑色の 4 弁花が密に集まって咲く。花期：6〜7 月頃。**果実**：直径約 6 mm の球形でマサキより小さく、開裂すると黄赤色の仮種皮に包まれた種子がのぞく。7〜10 月頃熟す（7月 27 日撮影）。

這い上がり植物 単葉・切れ込み無し・対生・16群

果実
両性花
虫こぶ
表
裏

〈主な撮影地／鹿児島市〉

テイカカズラ　　定家葛　*Trachelospermum asiaticum*　【きょうちくとう科】

生育地：本州〜九州

性型：雌雄同株（両性花）。**茎**：直径 4 ㎝ほどになる常緑の蔓植物で、付着根で他の植物や岩を這い上がる。**葉**：長さ 4 ㎝ほどの長楕円形で対生する。**花**：初め白色だがやがて淡黄色に変わり、よい香りがする。花期：5 〜 6 月頃（6 月 1 日撮影）。**果実**：直径 5 ㎜長さ 20 ㎝ほどの棒状で、2 本が基部でくっついて出る。さやが開裂すると、長毛のある種子が風に飛ばされる。10 〜 11 月頃熟す（10 月 5 日撮影）。**メモ**：和名は藤原定家の伝説にちなむ。虫こぶの名称は、テイカカズラミサキフクレフシ。

単葉・切れ込み無し・対生・16群　**這い上がり植物**

〈主な撮影地／屋久島町〉

サクララン　　桜蘭　*Hoya carnosa*　【ががいも科】
生育地：九州南部以南の亜熱帯の林内　　地方名：ツバキラン

性型：雌雄同株（両性花）。**茎**：蔓性の多年草。着生根で木の幹や岩をよじ登る。**葉**：肉質で光沢がある。幅4㎝長さ7㎝ほどの楕円形、全縁で対生。**花**：多くの花が半球形に集まり、柄の先に垂れて咲く。それぞれの花は直径15㎜ほど、花冠が淡紅色～白色で厚ぼったくて先はとがらない。花期：6～9月頃（6月21日撮影）。**果実**：幅7㎜長さ12㎝ほどの線形で、冠毛をつけた倒披針形の種子が入っている。めったに見かけない（8月23日撮影）。

這い上がり植物 <small>単葉・切れ込み無し・対生・16群</small>

両性花

果実

表

裏

〈主な撮影地／屋久島町〉

シラタマカズラ　　白玉葛　*Psychotria serpens*　【あかね科】

生育地：和歌山県、四国南部、九州南部、沖縄　　別名：イワヅタイ（岩伝）

性型：雌雄同株（両性花）。**茎**：常緑の蔓植物。緑色の茎を伸ばして、着生根で岩肌や樹皮を3m近く這い上がる。直径5cmに達するものもあるという。**葉**：幅15mm長さ3cmほどの長楕円形、肉厚で光沢があり、対生する。**花**：長さ5mmほどの筒形で、先が5つに裂けている白色の小花が、多数集まって咲く。花期：4〜7月頃（7月4日撮影）。**果実**：直径5mmほどの球形で、純白に熟して美しい（7月27日撮影）。

単葉・切れ込み無し・互生・17群

這い上がり植物

表　裏

〈主な撮影地／姶良市〉

ヒメイタビ　姫木蓮子　*Ficus thunbergii*　【くわ科】

生育地：千葉県以西

性型：雌雄異株。**茎**：若枝には立った軟毛がびっしり付く。付着根で岩や石垣にはりついて、一面を覆う。**葉**：長さ4cmほどの長楕円形で、褐色の毛が密生する短い柄で互生する。裏に淡褐色の毛がある。**花**：花嚢は直径約1.6cmのイチジク状の球形で、雌雄同形。花は内側に付いていて、外からは見えない。花期：6月頃（9月7日撮影）。**果実**：果嚢は直径約2cmの球形で、灰褐色に熟す。**メモ**：幼葉は光沢が無く、シワが目立ち、葉先がとがっている。

這い上がり植物

単葉・切れ込み無し・互生・17群

花嚢

表　裏

〈主な撮影地／薩摩川内市〉

イタビカズラ　木蓮子葛　*Ficus nipponica*　【くわ科】

生育地：福島県・新潟県以南

性型：雌雄異株。**茎**：常緑の低木。付着根を出して木や岩をよじ登る。**葉**：長さ1cmほどの柄で互生し、幅3cm長さ10cm内外の卵状長楕円形で、先は細くとがり、両面とも毛がない。葉縁はやや平行に見える。裏面は白っぽく、葉脈が浮き出る。**花**：花嚢は長卵形、直径約6mmでヒメイタビより小さい。花期：6〜7月頃（7月6日撮影）。**果実**：果嚢は球形、直径約1cmで黒紫色に熟す。種子は長楕円形で長さ約1.5mm。写真の個体は熟さなかったので、雄株についた雄の花嚢。

単葉・切れ込み無し・互生・17群

這い上がり植物

花嚢

果嚢

剥がれた茎を裏から

表　　裏

〈主な撮影地／姶良市〉

オオイタビ　　大木蓮子　*Ficus pumila*　【くわ科】
生育地：千葉県以西の太平洋側〜南西諸島

性型：雌雄異株。**茎**：常緑の木本。付着根を出して人家の石垣などを隙間なく覆っているのを見かける。**葉**：互生し、長楕円形で長さ10cm内外。仲間の他種同様、傷つけると白くてべとつく乳汁が出る。**花**：花嚢は卵形で長さ5cmと大きく、雄株では淡紫色で熟してもスポンジ状で食べられない。花期：5〜12月頃（7月23日撮影）
果実：雌株には、直径3cm長さ6cmほどの、濃紫色に熟し甘くておいしい果嚢がなる（11月7日撮影）。写真は、雄株の花嚢と雌株の果嚢。

這い上がり植物 <small>単葉・切れ込み無し・互生・17群</small>

雌花

雄花　果実

表　裏

〈主な撮影地／姶良市〉

フウトウカズラ　　風藤葛　*Piper kadzura*　【こしょう科】
生育地：房総半島以西〜南西諸島の沿岸地の樹林

性型：雌雄異株。**茎**：蔓性の常緑低木。濃い緑色で、林内の日陰で着生根を出して樹木や岩上を這い上がる。**葉**：長さ7cm内外の卵形で、先がとがり互生する。**花**：長さ6cm内外の円柱状の花の集まりが下がる。花期：4〜5月頃(5月24日撮影)。**果実**：球形で朱赤色に熟し、でこぼこした円柱状につく（4月2日撮影)。**メモ**：葉や茎を風呂に入れて薬湯にすると神経痛や打撲に効果があるとされる。

棘やかぎをひっかける
複葉・18群
寄りかかり植物

〈主な撮影地／霧島市〉

ヤブイバラ　藪茨　*Rosa onoei*　【ばら科】
生育地：関東〜九州　別名：ニオイイバラ（匂茨）

性型：雌雄同株（両性花）。**茎**：落葉低木で、鉤状の棘で這い上がる。**葉**：5〜7枚の小葉からなる奇数羽状複葉。小葉は披針形で質は薄くやや光沢があり、縁には鋸歯がある。頂小葉は側小葉よりぐんと長いのが特徴。葉裏と軸に毛がある。**花**：直径15mmほど、白色で萼に伏した毛がある。雌しべに腺毛がある。花期：5〜6月頃（5月31日撮影）。**果実**：直径5mmほどの球形で赤く熟す（4月4日撮影）。

117

寄りかかり植物

棘やかぎをひっかける
複葉・18群

両性花

果実

光沢がない

表

裏

〈主な撮影地／鹿児島市〉

ノイバラ　野茨　*Rosa multiflora*　【ばら科】

生育地：北海道〜九州の川岸や原野

性型：雌雄同株（両性花）。**茎**：落葉低木で、他物に寄りかかってよじ登る。**葉**：倒卵状楕円形で長さ3cmほどの小葉が7か9枚つく奇数羽状複葉で、光沢がなく、頂小葉は側小葉より少しだけ長い。托葉は羽状に深く裂けていて、腺毛がある。**花**：直径約2cm、白色で雌しべに毛がなく、花柄は長さ約13mm。花期：4〜5月頃（5月31日撮影）。**果実**：球形で長さ約6mm、赤く熟す（4月4日撮影）。

棘やかぎをひっかける
複葉・18群

寄りかかり植物

両性花 　果実 　光沢がある 　托葉に鋸歯がある 　表 　裏

〈主な撮影地／指宿市〉

テリハノイバラ　照葉野茨　*Rosa wichuraiana*　【ばら科】

生育地：本州〜九州の海岸に多い

性型：雌雄同株（両性花）。**茎**：落葉低木。長く地を這い、鉤状の鋭いとげがある。**葉**：奇数羽状複葉で互生し、7か9枚の無毛の小葉は濃緑色で光沢があり、縁に鋭い鋸歯がある。茎のつけ根に鋸歯のある托葉がつく。**花**：白く直径3cmほどで芳香があり、花弁の先はへこんでいる。雌しべに毛があるのが特徴。ノイバラより遅く咲く。花期：6〜7月頃（6月15日撮影）。**果実**：球形で赤く熟す（6月29日撮影）。

寄りかかり植物
棘やかぎをひっかける
複葉・18群

両性花

果実

表

裏

〈主な撮影地／姶良市〉

ヤマイバラ　　山茨　*Rosa sambucina*　【ばら科】

生育地：本州の東海地方以西～九州

性型：雌雄同株（両性花）。**茎**：10mにも達する落葉低木。下向きの頑丈な棘で他物に寄りかかって伸び上がり、先端部の数mを垂らしている。**葉**：葉身は長さ15cm内外。長さ約7cmの広披針形で、先が鋭くとがって伸びる小葉が5か7枚つき、托葉は狭くて鋸歯がない。光沢がある。**花**：ノイバラより大きく、直径約5cm。雌しべに毛がある。10数個集まって咲く。花期：5～6月頃（5月6日撮影）。**果実**：球形で直径約1cm（7月16日撮影）。

棘やかぎをひっかける
複葉・18群

寄りかかり植物

両性花　果実　表　裏

〈主な撮影地／姶良市〉

ウスアカノイバラ　　薄赤野茨　*Rosa multiflora f. rosipetala*　【ばら科】

生育地：北海道～九州の原野

性型：雌雄同株（両性花）。**茎**：高さ2mほどになる常緑の半蔓性木本で、鋭い棘がある。**葉**：7枚内外の小葉からなる奇数羽状複葉で、互生する。小葉は幅広い卵形～楕円形。**花**：直径2cmほどの淡紅色の花が集まって咲く。花には芳香がある。**花期**：4～6月頃（4月13日撮影）。**果実**：赤く熟す（4月13日撮影）。**メモ**：ノイバラの品種で、花弁が淡紅色になるもの。ノイバラの群落に注目していくと、ときどき見つかる。

寄りかかり植物

棘やかぎをひっかける
複葉・18群

両性花　果実　表　裏

〈主な撮影地／姶良市〉

ツクシイバラ　筑紫茨　*Rosa multiflora adenochaeta*　【ばら科】

生育地：熊本・宮崎・鹿児島三県　　別名：ツクシサクラバラ（筑紫桜薔薇）

性型：雌雄同株（両性花）。**茎**：半蔓性で、藪の中では枝や棘を引っ掛けて3mほど這い上がる。**葉**：5か7枚の小葉からなる奇数羽状複葉で、光沢がある。小葉は長さ5cmほどで先がとがり、裏に毛があり、鋸歯が鋭い。**花**：直径4cmほどの大輪、白〜淡紅色で、野生とは思えないほど美しい。花茎に腺毛が密生する。花期：5〜7月頃（5月2日撮影）。**果実**：赤橙色に熟し、大粒である（10月8日撮影）。**メモ**：一部の自生地では、市民による保護活動がみられる。

棘やかぎをひっかける
複葉・18群
寄りかかり植物

両性花　果実

〈主な撮影地／姶良市〉

コジキイチゴ　乞食苺　*Rubus sumatranus*　【ばら科】

生育地：本州（東海地方）〜九州　俗称：フクロイチゴ（袋苺）

性型：雌雄同株（両性花）。**茎**：高さ約2mの落葉低木。赤茶色の毛が密生し、鉤状の棘がつく。**葉**：奇数羽状複葉で互生し、不揃いの鋸歯がある、7枚内外の小葉がつく。**花**：直径3cmほどで白色。花期：5〜6月頃（5月31日撮影）。**果実**：長さ2cmほどの円筒形で黄赤色に熟し、食べられる。別名の通り、まさに袋状である（6月12日撮影）。**メモ**：実の内部の空洞を、米を蒸す甑に見立てたコシキイチゴが名の由来とする説がある。

寄りかかり植物

棘やかぎをひっかける
複葉・18群

果実

〈主な撮影地／霧島山〉

エビガライチゴ　　海老殻苺　*Rubus phoenicolasius*　【ばら科】

生育地：北海道〜九州　別名：ウラジロイチゴ（裏白苺）

性型：雌雄同株（両性花）。**茎**：落葉低木で高さ2mほどになり、全体に赤褐色の長い腺毛を密生し、棘もある。**葉**：三出複葉または5枚の奇数羽状複葉で互生、頂小葉は特に大きく、柄が長い。裏面の白さが目立つ。**花**：直径15mmほどの淡いピンクの5弁花で、多数集まって円錐形に咲く。花期：6〜7月。**果実**：直径15mmほどの集合果で、赤く熟し食べられる（7月25日撮影）。

棘やかぎをひっかける
複葉・18群 **寄りかかり植物**

花序
両性花
果実
表　裏

〈主な撮影地／姶良市〉

ジャケツイバラ　　蛇結茨　*Caesalpinia decapetala var. japonica*　【まめ科】

生育地：宮城・山形県以南～沖永良部島の林縁や川沿い

性型：雌雄同株（両性花）。**茎**：蔓性の落葉低木で、鋭い逆向きの棘がつく。**葉**：2回羽状複葉で5～6対の羽片をつけ、各羽片には8対内外の長楕円形で長さ1cmほどの小葉がつく。**花**：直立する30cmほどの花序に、直径約3cmで黄色に赤褐色の筋が入った左右対称の美しい花が多数つく。花期：4～6月頃（4月24日撮影）。**果実**：幅3cm長さ7cmほどの長楕円体で、黒褐色の種子が数個入っている（11月23日撮影）。

寄りかかり植物

棘やかぎをひっかける
単葉・切れ込み有り・19群

両性花
果実
表
裏

〈主な撮影地／姶良市〉

ナガバモミジイチゴ　　長葉紅葉苺　*Rubus palmatus* var. *palmatus*　【ばら科】

生育地：本州～屋久島　　別名：ナガバキイチゴ（長葉木苺）、ナガバノモミジイチゴ

性型：雌雄同株（両性花）。**茎**：人里付近でもごく普通に見られる落葉低木。**葉**：披針形で3～5に切れ込んでいるが、それをモミジ（カエデの葉）にたとえたもの。**花**：白い花が、葉のつけ根ごとに下向きに咲く。花期：3～5月頃（3月14日撮影）。**果実**：黄色でとても美味。ジャムを作ると、種子を噛み潰すときの感触も相まって上等な一品になる。5～7月頃熟す（7月5日撮影）。**メモ**：モミジイチゴの、西日本の型とされる。

棘やかぎをひっかける
単葉・切れ込み有り・19群 **寄りかかり植物**

写真キャプション：両性花／果実／毛でふかふか／表／裏

〈主な撮影地／姶良市〉

ビロードイチゴ　ビロード苺　*Rubus corchorifolius*　【ばら科】

生育地：静岡県以西〜九州

性型：雌雄同株（両性花）。**茎**：落葉低木。棘があり、若枝には軟らかい毛が密生する。**葉**：長さ10cmほどの長卵形で、先がとがり、浅く3裂するものが多く、裏面の脈上にビロード状の毛が密生する。**花**：白花で、枝先に1個ずつ下向きに咲き、花柄や萼にも毛が密生する。花期：3〜4月頃（3月14日撮影）。**果実**：直径12mmほどの球形で、黄赤色に熟し、多くは実らないが甘くておいしい。5〜6月頃熟す（5月14日撮影）。

寄りかかり植物

棘やかぎをひっかける
単葉・切れ込み有り・19群

両性花

果実

表

裏

〈主な撮影地／姶良市〉

ホウロクイチゴ　焙烙苺　*Rubus sieboldii*　【ばら科】

生育地：関東地方以西の太平洋側の沿岸

性型：雌雄同株（両性花）。**茎**：常緑の低木。太くて、針状の棘をまばらにつける。**葉**：長さ15cmほどの広卵形で、縁に大小の切れ込みがあり互生する。葉質は厚く、裏は白っぽい。**花**：直径4cmほどで白色。花期：3〜5月頃（4月25日撮影）。**果実**：球形で6〜7月に赤く熟し食べられる（6月20日撮影）。**メモ**：果実の内部が空洞になっていて、逆さにすると、焙烙鍋の形に似ているのでこの名がある。

棘やかぎをひっかける
単葉・切れ込み有り・19群

寄りかかり植物

両性花　果実

表　裏

〈主な撮影地／霧島市〉

クマイチゴ　　熊苺　*Rubus crataegiforius*　【ばら科】

生育地：北海道北部を除く全国の山野

性型：雌雄同株（両性花）。**茎**：高さ2mほどの落葉低木で、よく茂り、鉤状の強い棘が多く付く。**葉**：長さ8cmほどの広卵形で、3〜5片に浅く切れ込み、側裂片の先はとがる。葉身は鋭い鋸歯が縁どる。裏は緑色で脈上に毛がある。**花**：直径15mmほどで白色の5弁花。花期：4〜6月頃（4月4日撮影）。**果実**：直径1cmほどの球形で赤く熟し食べられる。粒がとがっていて果托に毛がある（6月1日撮影）。

129

寄りかかり植物

棘やかぎをひっかける
単葉・切れ込み無し・対生か輪生・20群

両性花
果実
表
裏

〈主な撮影地／姶良市〉

カギカズラ　鉤葛　*Uncaria rhynchophylla*　【あかね科】

生育地：房総半島～九州南部

性型：雌雄同株（両性花）。**茎**：常緑の蔓植物。茎が変化してできた十字対生する鉤があり、長さ数10mの高さまで大木を這い上がる。鉤は順次1個2個1個2個…とつく傾向がある。**葉**：幅5cm長さ8cmほどの長楕円形で対生する。**花**：長い柄の先に、淡い黄緑色の小花が密集して、直径2cmほどの球状につく。花期：6～7月頃（6月18日撮影）。**果実**：長さ5mmほどの紡錘形で、多数が集まって、花時と同じ大きさの球形になる（8月2日撮影）。

棘やかぎをひっかける
単葉・切れ込み無し・対生か輪生・20群

寄りかかり植物

両性花
果実

稜に下向きの棘

表　裏

〈主な撮影地／姶良市〉

アカネ　赤根　*Rubia argyi*　【あかね科】
生育地：本州〜九州の山野

性型：雌雄同株（両性花）。**茎**：長さ2mほどに伸びる多年生の蔓草。断面は四角形で、稜に逆向きの棘がある。**葉**：幅2cm長さ5cmほどの三角状卵形で、基部は心形。葉が4枚輪生するように見えるが、2枚は托葉が変化したもの。**花**：淡黄緑色の花冠は直径が4mmほど。花期：8〜9月頃（9月19日撮影）。**果実**：球形、2個が合着した形で黒く熟す（10月26日撮影）。**メモ**：根は黄橙色で乾くと暗赤色になり、いわゆる茜色の染料として、万葉の時代から広く使用された。

寄りかかり植物

棘やかぎをひっかける
単葉・切れ込み無し・対生か輪生・20 群

〈主な撮影地／姶良市〉

ヤエムグラ　　八重葎　*Galium spurium* var. *echinospermon*　【あかね科】

生育地：全国の荒地

性型：雌雄同株（両性花）。**茎**：長さ1mほどになり、切り口が四角形で稜に下向きの棘がある。**葉**：7枚内外が輪生するが、本物の葉は、分かれ出ている枝のつけ根にある2枚だけで、他は托葉が変化したもの。**花**：花冠の直径が3mmほどの黄緑色の4弁花が、葉のつけ根に数個ずつつく。花期：3〜5月頃（3月22日撮影）。**果実**：2個の球がくっついた形で黒く熟し、鉤状に曲がった毛が密生する（4月26日撮影）。

棘やかぎをひっかける
単葉・切れ込み無し・対生か輪生・20群

寄りかかり植物

葉状の枝

棘状の葉

〈主な撮影地／霧島市〉

クサスギカズラ　草杉葛　*Asparagus cochinchinensis*　【ゆり科】

生育地：本州以南の海岸近く　別名：テンモンドウ（天門冬）

性型：雌雄異株。**茎**：やや蔓性の多年草で株は木質、長さ2mほどになり、稜がある。長さ2cmほどで、葉のように見える枝が数本ずつ束になってつき、線形で鎌形に曲がり、先が棘状にとがる。**葉**：退化して5mmほどの棘になっている。葉状枝の外見から本著では対生に分類した。**花**：黄白色で、葉のつけ根に数個ずつ垂れてつく。漏斗状で長さ約4mm。花期：5～6月頃（6月7日撮影）。**果実**：直径7mmほどの球形で白色に熟し、種子は黒い（8月16日撮影）。

寄りかかり植物

棘やかぎをひっかける
単葉・切れ込み無し・互生・21群

雌花

雄花　果実

表　裏

〈主な撮影地／日置市〉

カカツガユ　　和活が油　*Maclura cochinchinensis*　【くわ科】

生育地：本州以南〜南西諸島　別名：ヤマミカン（山蜜柑）

性型：雌雄異株。**茎**：直径10㎝高さ10mに達する常緑の蔓植物で、折ると白い乳液が出る。**葉**：幅3㎝長さ6㎝ほどの長楕円形で互生し、つけ根に15㎜ほどの棘がつく。鋸歯がなく、光沢がある。**花**：雄株でも雌株でも、黄色の小花が多数集まって球形につく。花期：5〜7月頃（5月25日撮影）。**果実**：直径約2㎝で黄赤色に熟し、ほのかな甘みがあって食べられる（1月22日撮影）。

棘やかぎをひっかける
単葉・切れ込み無し・互生・21群 **寄りかかり植物**

下向きの
鋭い棘

両性花　果実

葉柄は
楯状につく

表　裏

〈主な撮影地／薩摩川内市〉

イシミカワ　石実皮　*Persicaria perfoliata*　【たで科】

生育地：北海道〜九州の川岸など

性型：雌雄同株（両性花）。**茎**：一年草。高さ2m内外に伸び、下向きの多くの鋭いとげで他物にひっかかる。**葉**：葉身は緑白色の三角形で、棘のある柄が葉縁から少し内側に楯状につく。茎が、丸い托葉を突き抜けた形になっている。**花**：緑白色で長さ3mmほどの花が10個ほど枝先につく。花期：7〜9月頃（9月4日撮影）。**果実**：直径3mmほどの球形で、藍色の残存萼に包まれていて美しい。種子は2mmほどの球形で黒い（11月8日撮影）。

寄りかかり植物

棘やかぎをひっかける
単葉・切れ込み無し・互生・21群

両性花

両性花・白

果実

逆棘が鋭い

表

葉柄は葉縁につく

裏

〈主な撮影地／薩摩川内市〉

トゲソバ　棘蕎麦　*Persicaria senticosa*　【たで科】

生育地：全国の原野　　別名：ママコノシリヌグイ（継子尻拭）

性型：雌雄同株（両性花）。**茎**：一年草。高さ1m超になり、逆棘はイシミカワよりも著しい。**葉**：幅も長さも5cmほどの、ほぼ三角形で、イシミカワに似るが、葉柄は葉縁に付く。托葉は茎をとり囲むが1カ所に切れ目がある。**花**：5裂する花弁状の萼はピンクで、多数の花がお菓子の金平糖状に集まって咲く。花期：5～10月頃（10月11日撮影）。**果実**：長さ3mmほどの球形で、黒色で光沢がある（11月8日撮影）。

枝をひっかける
対生か輪生・22群
寄りかかり植物

両性花　果実

表　裏

〈主な撮影地／屋久島町〉

キダチハマグルマ　　木立浜車　*Wedelia biflora*　【きく科】

生育地：九州南部以南

性型：雌雄同株（両性花）。**茎**：蔓性の多年生草本。茎は大きく、直径1㎝長さ10mほどに達し、剛毛があってざらつく。海岸林の境目で樹木などにもたれかかって伸びる。**葉**：長さ15㎝内外の卵形で先端がとがり、長い柄で対生する。基部は円形〜ハート形。**花**：頭花は直径3㎝ほどで、数個が集まってつく。周囲に12内外の舌状花が並ぶ。花期：5〜10月頃（8月16日撮影）。**果実**：長さ3㎝内外のくさび形（9月26日撮影）。

寄りかかり植物

枝をひっかける
対生か輪生・22群

両性花　果実

表　裏

〈主な撮影地／南大隅町〉

オオバヤドリギ　大葉宿木　*Scurrula yadoriki*　【やどりぎ科】

生育地：房総半島以西

性型：雌雄同株（両性花）。**茎**：常緑低木。ツルグミに似た感じで、シイノキなどに半寄生し、枝は長さ1mほどに伸びる。全体に赤褐色の毛が密生する。**葉**：長さ5cmほどの広卵形で対生。**花**：長さ約2cmの筒状の花冠をもち、先端は4つに分かれていて、長さ5mmほどの花びらが反りかえる。花びらの外側は赤褐色の毛が密生し、内側は無毛で緑紫色。花期：10〜11月頃（11月7日撮影）。**果実**：赤く熟し、楕円体で長さ約8mmになる（7月23日撮影）。

枝をひっかける
対生か輪生・22群 **寄りかかり植物**

両性花　果実

表　裏

〈主な撮影地／姶良市〉

ヒロハコンロンカ　広葉崑崙花　*Mussaenda shikokiana*　【あかね科】
生育地：伊豆半島以西

性型：雌雄同株（両性花）。**茎**：長さ10mほどに伸びる、蔓性の落葉低木。**葉**：幅7cm長さ15cm内外の広楕円形で対生する。**花**：枝先に黄色の花が多数集まる。花序の外側の花では、5枚の萼のうちの1枚が、長さ3cmほどで白色の花弁状になって、黄と白と緑の3色の取り合わせが美しい。花期：5〜7月頃（7月9日撮影）。**果実**：長さ8mmほどの楕円体で黒く熟す（7月31日撮影）。**メモ**：屋久島以南には、よく似ていて小ぶりなコンロンカが自生する。

寄りかかり植物

枝をひっかける
互生・23群

雌花
雄花
果実
表
裏

〈主な撮影地／姶良市〉

ツルコウゾ　蔓楮　*Broussonetia kaempferi*　【くわ科】

生育地：近畿以西〜九州の山地

性型：雌雄異株。**茎**：蔓性の落葉低木で、長く伸びて他物にからまる。細毛があり、切ると白い乳液が出る。**葉**：幅3㎝長さ12㎝ほどの披針形、長い柄で互生する。両面がざらつき、基部は深い心形。**花**：雄花は多数が楕円状に集まり、雌花は球形になる。花期：4〜5月頃（4月2日撮影）。**果実**：赤く熟して甘みがあるが、食後に口中に棘が突きささった感じが残るので、多くは食べないほうがよい。5〜6月頃熟す（5月28日撮影）。

枝をひっかける
互生・23群 **寄りかかり植物**

雌花

雄花　果実

白い綿毛
が密生

表　裏

〈主な撮影地／姶良市〉

ヤナギイチゴ　　柳苺　*Debregeasia edulis*　【いらくさ科】

生育地：関東南部以西

性型：筆者の観察では雌雄同株（雌雄異花）。**茎**：高さ3mほどの落葉低木。**葉**：幅2cm長さ13cm内外の細長い披針形で互生する。表はしわがありざらついているが、裏には白い綿毛が密生する。**花**：開葉前に、葉がつく辺りから伸び出る短い柄の先に、球状で黄緑色の地味な花が多数集まってつく。雌花は特に目立たない。花期：3～4月頃（3月21日撮影）。**果実**：直径1cmほどで橙色の集合果を多数つける。食べられるがざらつき感がある（6月18日撮影）。

寄りかかり植物 枝をひっかける
互生・23群

両性花　果実

表　裏

〈主な撮影地／姶良市〉

ナワシログミ　苗代茱萸　*Elaeagnus pungens*　【ぐみ科】

生育地：静岡県以南～九州の低地

性型：雌雄同株（両性花）。茎：高さ2～3mの常緑低木で盛んに枝分かれし、他物に寄りかかるようにして伸びる。葉：長楕円形で質は厚く、先端は円形で縁は波打ち少し裏側に反る。葉裏に、灰白色でざらつく鱗毛が密生する。花：4つの稜がある筒形で、先端が半開する。花期：10～11月頃（11月3日撮影）。果実：長さ15mmほどの長楕円体で赤熟し、細い柄で垂れ下がる。酸味はあるが、食べられる。3～5月頃熟す（3月12日撮影）。

枝をひっかける
互生・23群 **寄りかかり植物**

両性花

果実

表　裏

赤褐色の
毛が密生

〈主な撮影地／南さつま市〉

ツルグミ　　蔓茱萸　*Elaeagnus glabra*　【ぐみ科】

生育地：関東以西～南西諸島

性型：雌雄同株（両性花）。**茎**：常緑の低木で、枝分かれをして長く伸びる。濃い赤褐色の鱗毛をまとっている。**葉**：楕円形で先がとがり、裏には赤褐色の鱗毛が密生し光沢がある。**花**：筒部は細く、先は4つに裂けて半開し、雄しべが萼の出口近くの内側に付いて、葯が花の先端よりも外に出る。花期：10～11月頃（11月23日撮影）。**果実**：楕円体で、長い柄の先に垂れ、赤く熟して食べられる。4～5月頃熟す（5月6日撮影）。

寄りかかり植物 枝をひっかける 互生・23群

両性花

表　裏　銀白色

〈主な撮影地／日置市〉

マルバグミ　丸葉茱萸　*Elaeagnus macrophylla*　【ぐみ科】

生育地：関東以西〜南西諸島　別名：オオバグミ（大葉茱萸）

性型：雌雄同株（両性花）。**茎**：常緑低木。長く伸びる銀白色の小枝に明らかな稜角があり、褐色の鱗片に覆われる。**葉**：葉が薄く、幅5㎝長さ8㎝ほどの広卵形で裏は銀白色。**花**：萼は短く広い筒形で銀色。雄しべは萼の内側についていて、葯が花の先端よりも外に出る。花期：10〜11月頃（11月4日撮影）。**果実**：長さ2㎝ほどの長楕円体で赤熟し、細い柄で垂れ下がる。食べられる。4〜5月頃熟す。

複葉・24群 **茎が地面を這う植物**

両性花　果実　表　裏

〈主な撮影地／姶良市〉

ナワシロイチゴ　苗代苺　*Rubus parvifolius*　【ばら科】

生育地：北海道〜南西諸島の原野や路傍

性型：雌雄同株（両性花）。**茎**：落葉の小低木で、高さは25cmほどと低いが、2mほどの茎で地を這う。棘はあるが剛毛や腺毛はない。**葉**：ふつう三出複葉で、小葉の先端は丸く、縁に二重鋸歯がある。**花**：赤紫色。**花期**：5〜6月頃（5月9日撮影）。**果実**：大粒の実が5個ほど集まっている。6〜7月頃熟す（7月2日撮影）。**メモ**：和名は、田んぼで苗代づくりをする時期に花や果実が見られることにちなむ。

茎が地面を這う植物 複葉・24 群

〈主な撮影地／指宿市〉

ハマナタマメ　浜鉈豆　*Canavalia lineata*　【まめ科】
生育地：房総半島以南の海岸

性型：雌雄同株（両性花）。**茎**：多年生の蔓植物で、5m以上になり砂浜を這い、他物を這い上がる。**葉**：幅7cm長さ8cmほどの円形〜広倒卵形の小葉からなる三出複葉で、質が厚く光沢がある。**花**：葉のつけ根に、長さ3cmほどで淡紅紫色の花を数個つける。普通のマメ科の花と異なり、上下を逆にした位置で、蝶形の花が咲くことが多い。花期：6〜8月頃（8月2日撮影）。**果実**：長さ7cm内外の長楕円形で、2〜5個の種子を収めている（9月6日撮影）。

複葉・24 群 **茎が地面を這う植物**

〈主な撮影地／屋久島町〉

ハマササゲ　浜豇豆　*Vigna marina*　【まめ科】

生育地：屋久島以南の海岸の砂浜　別名：ハマアズキ（浜小豆）

性型：雌雄同株（両性花）。**茎**：常緑の蔓性多年草で、全体に毛がない。砂地を這い、他物を這い上がる。**葉**：長さ8cmほどの三出複葉で、小葉は卵形〜広卵形で表面に光沢がある。**花**：15mmほどで黄色、15cmほどの花序に数個咲く。花期：4〜11月頃（5月19日撮影）。**果実**：さやは幅6mm長さ4cmほどの円柱形で、種子と種子の間が少しくびれており、黒褐色に熟す。長さ5mmほどの種子が5個ほど入っている（8月16日撮影）。

茎が地面を這う植物 <small>単葉・切れ込み有り・25群</small>

〈主な撮影地／姶良市〉

フユイチゴ　　冬苺　*Rubus buergeri*　【ばら科】

生育地：新潟・茨城県以西〜九州の林縁や林内

性型：雌雄同株（両性花）。**茎**：常緑低木で長く伸びて林床などを這う。**葉**：円形に近く、長さ10cmほどで互生する。縁は3〜5に浅く裂ける。**花**：白色で直径1cmほどの5弁花、枝先に多くの花を円錐状に集めて咲かせる。花期：7〜10月頃（7月20日撮影）。**果実**：直径1cmほどの球形で、冬季に赤く熟すのでこの名があり、生食でもおいしく、たくさん採れるのでジャムなどにするといい。10〜11月頃熟す（11月8日撮影）。

単葉・切れ込み有り・25群 **茎が地面を這う植物**

両性花 果実 表 裏

〈主な撮影地／屋久島町〉

グンバイヒルガオ　軍配昼顔　*Ipomoea pes-caprae* ssp. *brasiliensis*　【ひるがお科】

生育地：四国～九州以南

性型：雌雄同株（両性花）。**茎**：大型の蔓性多年草。**葉**：広楕円形で先端がくぼんでいて、相撲の行司がもつ軍配の形に似る。光沢があり、互生する。**花**：ヒルガオに似て直径5cm内外、赤紫色で5本の雄しべと1本の雌しべがある。花期：7～8月頃（7月29日撮影）。**果実**：直径1cmほどの球形。種子がビロード状の毛に覆われて水をはじくので、海水に浮いて運ばれる（7月29日撮影）。**メモ**：本州では潮流にのって漂着し、発芽しても、越冬できないらしい。

茎が地面を這う植物
単葉・切れ込み有り・25群

両性花

果実

表

裏

〈主な撮影地／屋久島町〉

アメリカハマグルマ　　アメリカ浜車　*Wedelia trilobata*　【きく科】
生育地：熱帯アメリカ原産の帰化植物

性型：雌雄同株（両性花）。**茎**：2～3mに伸びて、一帯を本種だけで完全に覆い尽くすほどに、大いに繁る。**葉**：卵形、基部近くで両縁が一カ所深く切れ込み、大きく横に張り出すので、典型的な葉では全体として3つに裂けているように見える。**花**：直径2cmほどの頭花で、中心部の管状花を10個内外の舌状花が取り巻く。**花期**：5月以降（9月25日撮影）。**果実**：長さ5mmほど（9月25日撮影）。**メモ**：在来の近似種の駆逐や雑種の形成が懸念されて、必ずしも歓迎されていない。

単葉・切れ込み無し・対生・26群　**茎が地面を這う植物**

両性花　果実　表　裏

〈主な撮影地／日置市〉

ハマグルマ　　浜車　*Wedelia prostrate*　【きく科】

生育地：北陸地方〜沖縄の海岸　　別名：ネコノシタ（猫の舌）

性型：雌雄同株（両性花）。**茎**：砂上を長く這う。**葉**：長楕円形で厚く、対生。剛毛で、葉面は猫の舌のようにざらつく。**花**：管状花は２型。ひとつは花冠の先が５裂し、雌しべが花冠の外に突き出ている型。短い雄しべが５本あるが、花粉が熟さないので雌花の性質をもつ。他は花冠の先が３裂し、雄しべが長く突き出ている型。雄しべは３本で、両性花の性質をもつ。花期：６〜10月頃（６月29日撮影）。**果実**：長さ４mmほどの倒卵形で毛がある（９月26日撮影）。

茎が地面を這う植物
単葉・切れ込み無し・対生・26 群

〈主な撮影地／日置市〉

ハマゴウ　浜栲　*Vitex rotundifolia*　【くまつづら科】
生育地：本州〜九州の海岸の砂地

性型：雌雄同株（両性花）。**茎**：落葉低木で、地を長く這い、高さ 1m ほどになる。**葉**：幅 2 cm 長さ 4 cm ほどの楕円形〜倒卵形で対生し、縁に鋸歯はない。先は円形、基部はくさび形で、芳香がある。**花**：青紫色、長さ 1 cm ほどで漏斗状の唇弁花。花期：6 〜 9 月頃（6 月 29 日撮影）。**果実**：長さ 6 mm ほどの球形で黒く熟す。10 〜 11 月頃熟す（10 月 16 日撮影）。**メモ**：風で運ばれる砂に埋もれると、地上に出るために茎を伸ばすので、地下部の茎は、鉛直方向数 m になる。

単葉・切れ込み無し・互生・27群　**茎が地面を這う植物**

両性花

果実

基部は一直線

表　裏

〈主な撮影地／霧島市〉

ツルソバ　蔓蕎麦　*Persicaria chinensis*　【たで科】
生育地：本州中部以南

性型：雌雄同株（両性花）。**茎**：3mほどの多年草で、藪の上を這ったり、茂みの中を寄りかかって伸び上がったりする。**葉**：長さ10cm内外の卵形で互生。先はとがり基部は切形で、膜質の短い鞘状の托葉が目立つ。**花**：白い5弁の小花を密生する。花期：5〜11月頃（7月5日撮影）。**果実**：3つの稜があり、黒っぽい残存萼に包まれている。果実を丸ごとかむと、爽やかな酸味がある（7月5日撮影）。

茎が地面を這う植物

単葉・切れ込み無し・互生・27 群

両性花

果実

表　　裏

〈主な撮影地／日置市〉

ヒメツルソバ　姫蔓蕎麦　*Persicaria capitata*　【たで科】

生育地：ヒマラヤ原産。関東以西の民家周辺の石垣など

性型：雌雄同株（両性花）。**茎**：赤褐色の粗い毛を密生する。**葉**：幅 2 cm 長さ 4 cm ほどの楕円形で互生する。両面に赤褐色の毛を密生し、中央に V 字形の斑紋が入る。**花**：直径 2.5 mm ほどで淡紅色～白色の小花が集まって、直径 2 cm ほどの球形になる。花期：ほぼ 1 年中咲いている（10 月 19 日撮影）。**果実**：3 稜があり、長さ約 2 mm、褐色で光沢がある。**メモ**：容易に繁殖するので、各地の石垣などに広がっている。厳寒期に霜に当たるまで、たくましく咲き続ける。

単葉・切れ込み無し・互生・27群 **茎が地面を這う植物**

〈主な撮影地／日置市〉

トラノオスズカケ　虎の尾鈴懸　*Veronicastrum axillare*　【ごまのはぐさ科】

生育地：四国、九州の低地林

性型：雌雄同株（両性花）。**茎**：長さ2mほどの常緑多年草で、林内の地面を這う。あるいは寄りかかって上に伸びる。先が地面に接すると新しい苗ができる。**葉**：幅4cm長さ8cm内外で互生し、縁に鋭い鋸歯がある。**花**：葉のつけ根ごとに紅紫色の花が咲き、これを修験者の首に懸ける鈴懸けに見立てたという。雄しべは2本。**花期**：8〜9月頃（8月29日撮影）。**果実**：長さ3mmほどの卵形（11月3日撮影）。

茎が地面を這う植物　単葉・切れ込み無し・互生・27 群

両性花

〈主な撮影地／指宿市〉

ハマヒルガオ　浜昼顔　*Calystegia soldanella*　【ひるがお科】

生育地：全国の海岸や湖岸の砂地

性型：雌雄同株（両性花）。茎：多年生の蔓草で、海岸の砂の上や地中を枝分かれしながら長く這う。葉：互生し、直径3cm内外の円形で、基部は内側に張り出して重なっている。厚めで強い光沢があり、海岸の過酷な条件に耐えるつくりになっている。花：直径約5cmで、ヒルガオに比べて花の紅色が濃い。花期：5〜8月頃（5月9日撮影）。果実：球形で、4個の種子を収めている。

単葉・切れ込み無し・互生・27群　**茎が地面を這う植物**

〈主な撮影地／霧島市〉

ヒカゲノカズラ　　日陰の葛　*Lycopodium clavatum*　【ひかげのかずら科】

生育地：沖縄を除く日本全国の日当りの良い斜面

長さ2mほどの常緑のシダ植物で、ヒカゲとあるが乾いた陽光地を好む。他の植物を這い上がることはなく、直径3mm内外の茎で地上を長く這って、所々からでる根で茎を固定している。茎の所々から高さ15cmほどの枝を垂直に立ち上げ、その先端に、長さ8cm内外で円柱状の胞子嚢穂を4～5本直立させ、夏頃に胞子を飛ばす。
メモ：かつての中学理科で、これの胞子を水に浮かべて、油性の液体を1滴落とし、分子の大きさを測るという実験があった（9月7日撮影）。

茎が地面を這う植物 <small>単葉・切れ込み無し・互生・27群</small>

〈主な撮影地／南九州市〉

ミズスギ　水杉　*Lycopodium cernuum*　【ひかげのかずら科】

生育地：全国。林縁などの、明るくやや湿った場所に生育

地表を這う茎と直立する枝があるが、ヒカゲノカズラほどは長くない。茎や枝には、長さ5㎜ほどの針状の葉が密生する。高さ30～40㎝ほどに直立した枝から横向きに出る側枝の先端に、胞子嚢穂が1～2個つく。この胞子嚢穂が長さ1㎝ほどの卵形で、下向きに垂れてつく点でも、前種との区別は容易につく。**メモ**：直立する枝は、クリスマスツリーの趣があっておもしろい。生け花の材料にもされる（8月12日撮影）。

あ と が き

　つかむ、巻きつく、這い上がる、引っかける、寄りかかる…と、蔓植物はそれぞれ、巧みな方法で我が身を高所へと引き上げている。
　ヤブガラシに一面を覆われた藪やクズに取りつかれた樹木は、まさに青息吐息の体で、さぞ悲鳴をあげていることだろう。霧島山の池巡りコースで出合うツタウルシは、アカマツの幹に取りつき、我が物顔に枝を広げていて、ついに絞め枯らされたかと思われるアカマツも少なくない。
　この本を著すにあたっては、前著「南九州の樹木図鑑」以上に、多様な花や果実の掲載をめざし、約150種類の蔓植物を掲載した。観察者にとって初見の蔓植物であっても、容易にその植物名を探し当てられるだろうと思う。それは、蔓植物自体が一見してそれと分かる形態をしていることと、九州で普通に見かける蔓植物の多くを掲載してあるからだ。
　一方で、初めに予定したうち、ツルギキョウ、ナンテンカズラ、クマガワブドウなど、掲載できなかったものも多い。本書に未掲載の蔓植物に出合われたら、ご教示いただけるとありがたい。

　今回も多くの方々のご協力をいただいた。
　鹿児島大学名誉教授・堀田満博士のご厚意で貴重な文献をご提供いただいたこと、及びその他多くの方々から写真や、開花・結実の情報提供などを得られたことは小生にとって最大の喜びであり幸いなことだった。
　これらのご厚意やご協力なしでは、本書の早期完成は有り得なかったことと深く感謝しているところである。
　また、9冊目の出版を快諾してくださった南方新社の向原祥隆代表はじめスタッフの皆さま、編集に当たって貴重なご意見をいただいた坂元恵氏と鈴木巳貴氏にも心よりお礼を申し上げたい。

2012年春

和名索引

【ア行】

アオカズラ	89
アオツヅラフジ	90
アカネ	131
アケビ	57
アマチャヅル	18
アメリカネナシカズラ	100
アメリカノウゼンカズラ	103
アメリカハマグルマ	150
アリマウマノスズクサ	72
イシミカワ	135
イタビカズラ	114
イルカンダ	60
イワガラミ	107
イワツタイ	112
ウシブドウ	52
ウジルカンダ	60
ウスアカノイバラ	121
ウドカズラ	17
ウマノスズクサ	92
ウラジロイチゴ	124
エビガライチゴ	124
エビヅル	21
オオイタビ	115
オオクマヤナギ	54
オーシャンブルー	77
オオツヅラフジ	71
オオバウマノスズクサ	73
オオバクサフジ	15
オオバグミ	144
オオバヤドリギ	138
オキナワスズメウリ	27
オニドコロ	55

【カ行】

カエデドコロ	44
カカツガユ	134
カギカズラ	130
カスマグサ	12
カナムグラ	42
カニクサ	56
カマエカズラ	60
カミエビ	90
カラスウリ	22
カラスノエンドウ	10
キカラスウリ	23
キジョラン	82
キダチニンドウ	49
キダチハマグルマ	137
キヅタ	106
キツネササゲ	66
ギョウジャノミズ	28
キンギンカズラ	48
クサスギカズラ	133
クズ	63
クズモダマ	60
クマイチゴ	129
クマヤナギ	53
グンバイヒルガオ	149
ゴキヅル	25
コクワ	94
コジキイチゴ	123
ゴトウヅル	108
コバノクロヅル	96
コバノボタンヅル	34
ゴヨウアケビ	58

【サ行】

サオトメバナ	47
サカキカズラ	79
サクララン	111
サツマサンキライ	30
サネカズラ	51
サルトリイバラ	29
サルナシ	94
サンカクヅル	28
ジイソブ	88
シオデ	32
ジネンジョ	85
シマサルナシ	95
ジャケツイバラ	125
シラクチヅル	94
シラタマカズラ	112
シロバナハンショウヅル	36
スイカズラ	48
スズメウリ	26
スズメノエンドウ	11
スナヅル	101
センニンソウ	35

【タ行】

タカネハンショウヅル	37
タマズサ	22
タンキリマメ	64
ツクシイバラ	122
ツクシサクラバラ	122
ツクシタチドコロ	45
ツタ	105
ツタウルシ	102
ツヅラフジ	71
ツルアジサイ	108
ツルグミ	143
ツルコウゾ	140
ツルシノブ	56
ツルソバ	153
ツルドクダミ	87
ツルニンジン	88
ツルマサキ	109
ツルマメ	65
ツルモウリンカ	83
ツルリンドウ	46

テイカカズラ・・・・・・・・・・・・	110	ハナカズラ・・・・・・・・・・・・・	43	マメアサガオ・・・・・・・・・・・	76
テリハツルウメモドキ・・・・	97	ハナヅル・・・・・・・・・・・・・・・	43	マルバグミ・・・・・・・・・・・・・	144
テリハノイバラ・・・・・・・・・	119	ハマアズキ・・・・・・・・・・・・・	147	マルバドコロ・・・・・・・・・・・	86
テンモンドウ・・・・・・・・・・・	133	ハマエンドウ・・・・・・・・・・・	13	マルバルコウソウ・・・・・・・	99
トキワアケビ・・・・・・・・・・・	61	ハマグルマ・・・・・・・・・・・・・	151	ミズスギ・・・・・・・・・・・・・・・	158
トキワカモメヅル・・・・・・・	81	ハマゴウ・・・・・・・・・・・・・・・	152	ミツバアケビ・・・・・・・・・・・	59
トゲソバ・・・・・・・・・・・・・・・	136	ハマササゲ・・・・・・・・・・・・・	147	ムベ・・・・・・・・・・・・・・・・・・・	61
トゲナシカカラ・・・・・・・・・	31	ハマサルトリイバラ・・・・・	31	モダマ・・・・・・・・・・・・・・・・・	14
トコロ・・・・・・・・・・・・・・・・・	55	ハマナタマメ・・・・・・・・・・・	146	モミジカラスウリ・・・・・・・	24
ドヨウフジ・・・・・・・・・・・・・	41	ハマニンドウ・・・・・・・・・・・	50	モミジバヒルガオ・・・・・・・	70
トラノオスズカケ・・・・・・・	155	ハマヒルガオ・・・・・・・・・・・	156	モミジヒルガオ・・・・・・・・・	70
		ヒカゲノカズラ・・・・・・・・・	157		
【ナ行】		ビナンカズラ・・・・・・・・・・・	51	**【ヤ行】**	
ナガバキイチゴ・・・・・・・・・	126	ヒメイタビ・・・・・・・・・・・・・	113	ヤイトバナ・・・・・・・・・・・・・	47
ナガバモミジイチゴ・・・・・・	126	ヒメクズ・・・・・・・・・・・・・・・	68	ヤエムグラ・・・・・・・・・・・・・	132
ナシカズラ・・・・・・・・・・・・・	95	ヒメツルソバ・・・・・・・・・・・	154	ヤナギイチゴ・・・・・・・・・・・	141
ナツヅタ・・・・・・・・・・・・・・・	105	ヒヨドリジョウゴ・・・・・・・	39	ヤハズエンドウ・・・・・・・・・	10
ナツフジ・・・・・・・・・・・・・・・	41	ヒルガオ・・・・・・・・・・・・・・・	74	ヤブイバラ・・・・・・・・・・・・・	117
ナワシロイチゴ・・・・・・・・・	145	ビロードイチゴ・・・・・・・・・	127	ヤブガラシ・・・・・・・・・・・・・	16
ナワシログミ・・・・・・・・・・・	142	ヒロハコンロンカ・・・・・・・	139	ヤブツルアズキ・・・・・・・・・	69
ナンゴクカモメヅル・・・・・・	80	ビンボウカズラ・・・・・・・・・	16	ヤブマメ・・・・・・・・・・・・・・・	67
ニオイイバラ・・・・・・・・・・・	117	フウトウカズラ・・・・・・・・・	116	ヤマイバラ・・・・・・・・・・・・・	120
ニガガシュウ・・・・・・・・・・・	86	フクロイチゴ・・・・・・・・・・・	123	ヤマイモ・・・・・・・・・・・・・・・	85
ニンドウ・・・・・・・・・・・・・・・	48	フジ・・・・・・・・・・・・・・・・・・・	40	ヤマノイモ・・・・・・・・・・・・・	85
ネコノシタ・・・・・・・・・・・・・	151	フユイチゴ・・・・・・・・・・・・・	148	ヤマハンショウヅル・・・・・・	38
ノアサガオ・・・・・・・・・・・・・	98	フユヅタ・・・・・・・・・・・・・・・	106	ヤマフジ・・・・・・・・・・・・・・・	62
ノアズキ・・・・・・・・・・・・・・・	68	ヘクソカズラ・・・・・・・・・・・	47	ヤマミカン・・・・・・・・・・・・・	134
ノイバラ・・・・・・・・・・・・・・・	118	ベンガルヤハズカズラ・・・・	84		
ノウゼンカズラ・・・・・・・・・	104	ホウロクイチゴ・・・・・・・・・	128	**【ラ行】**	
ノササゲ・・・・・・・・・・・・・・・	66	ホシアサガオ・・・・・・・・・・・	75	リュウキュウアサガオ・・・・	77
ノダフジ・・・・・・・・・・・・・・・	40	ホソバウマノスズクサ・・・・	72	リュウキュウスズメウリ・・	27
ノブドウ・・・・・・・・・・・・・・・	20	ボタンヅル・・・・・・・・・・・・・	33	ルリビョウタン・・・・・・・・・	89
【ハ行】		**【マ行】**			
ハカマカズラ・・・・・・・・・・・	19	マタタビ・・・・・・・・・・・・・・・	93		
ハスノハカズラ・・・・・・・・・	91	マツブサ・・・・・・・・・・・・・・・	52		
ハナガサノキ・・・・・・・・・・・	78	ママコノシリヌグイ・・・・・・	136		

科別索引

科 名	和 名	
【ア行】		
あかね科	アカネ	131
	カギカズラ	130
	サオトメバナ	47
	シラタマカズラ	112
	ハナガサノキ	78
	ヒロハコンロンカ	139
	ヘクソカズラ	47
	ヤイトバナ	47
	ヤエムグラ	132
あけび科	アケビ	57
	ゴヨウアケビ	58
	トキワアケビ	61
	ミツバアケビ	59
	ムベ	61
あわぶき科	アオカズラ	89
	ルリビョウタン	89
いらくさ科	ヤナギイチゴ	141
うこぎ科	キヅタ	106
	フユヅタ	106
うまのすずくさ科	アリマウマノスズクサ	72
	ウマノスズクサ	92
	オオバウマノスズクサ	73
	ホソバウマノスズクサ	72
うり科	アマチャヅル	18
	オキナワスズメウリ	27
	カラスウリ	22
	キカラスウリ	23
	ゴキヅル	25
	スズメウリ	26
	タマズサ	22
	モミジカラスウリ	24
	リュウキュウスズメウリ	27
うるし科	ツタウルシ	102

【カ行】		
ががいも科	キジョラン	82
	サクララン	111
	ツルモウリンカ	83
	トキワカモメヅル	81
	ナンゴクカモメヅル	80
ききょう科	ジイソブ	88
	ツルニンジン	88
きく科	アメリカハマグルマ	150
	キダチハマグルマ	137
	ネコノシタ	151
	ハマグルマ	151
きつねのまご科	ベンガルヤハズカズラ	84
きょうちくとう科	サカキカズラ	79
	テイカカズラ	110
きんぽうげ科	コバノボタンヅル	34
	シロバナハンショウヅル	36
	センニンソウ	35
	タカネハンショウヅル	37
	ハナカズラ	43
	ハナヅル	43
	ボタンヅル	33
	ヤマハンショウヅル	38
くすのき科	スナヅル	101
くまつづら科	ハマゴウ	152
ぐみ科	オオバグミ	144
	ツルグミ	143
	ナワシログミ	142
	マルバグミ	144
くろうめもどき科	オオクマヤナギ	54
	クマヤナギ	53
くわ科	イタビカズラ	114
	オオイタビ	115
	カカツガユ	134
	カナムグラ	42
	ツルコウゾ	140
	ヒメイタビ	113

		ヤマミカン・・・・・・・・・・・・・	134		コジキイチゴ・・・・・・・・・・・	123
こしょう科		フウトウカズラ・・・・・・・・	116		ツクシイバラ・・・・・・・・・・	122
ごまのはぐさ科		トラノオスズカケ・・・・・・・	155		ツクシサクラバラ・・・・・・	122
					テリハノイバラ・・・・・・・・・	119
【サ行】					ナガバキイチゴ・・・・・・・・・	126
すいかずら科		キダチニンドウ・・・・・・・・・	49		ナガバモミジイチゴ・・・・・	126
		キンギンカズラ・・・・・・・・・	48		ナワシロイチゴ・・・・・・・・・	145
		スイカズラ・・・・・・・・・・・・・	48		ニオイイバラ・・・・・・・・・・・	117
		ニンドウ・・・・・・・・・・・・・・・	48		ノイバラ・・・・・・・・・・・・・・・	118
		ハマニンドウ・・・・・・・・・・・	50		ビロードイチゴ・・・・・・・・・	127
					フクロイチゴ・・・・・・・・・・・	123
【タ行】					フユイチゴ・・・・・・・・・・・・・	148
たで科		イシミカワ・・・・・・・・・・・・・	135		ホウロクイチゴ・・・・・・・・・	128
		ツルソバ・・・・・・・・・・・・・・・	153		ヤブイバラ・・・・・・・・・・・・・	117
		ツルドクダミ・・・・・・・・・・・	87		ヤマイバラ・・・・・・・・・・・・・	120
		トゲソバ・・・・・・・・・・・・・・・	136	ひかげのかずら科	ヒカゲノカズラ・・・・・・・・・	157
		ヒメツルソバ・・・・・・・・・・・	154		ミズスギ・・・・・・・・・・・・・・・	158
		ママコノシリヌグイ・・・・・	136	ひるがお科	アメリカネナシカズラ・・・・	100
つづらふじ科		アオツヅラフジ・・・・・・・・・	90		オーシャンブルー・・・・・・・	77
		オオツヅラフジ・・・・・・・・・	71		グンバイヒルガオ・・・・・・・	149
		カミエビ・・・・・・・・・・・・・・・	90		ノアサガオ・・・・・・・・・・・・・	98
		ツヅラフジ・・・・・・・・・・・・・	71		ハマヒルガオ・・・・・・・・・・・	156
		ハスノハカズラ・・・・・・・・・	91		ヒルガオ・・・・・・・・・・・・・・・	74
					ホシアサガオ・・・・・・・・・・・	75
【ナ行】					マメアサガオ・・・・・・・・・・・	76
なす科		ヒヨドリジョウゴ・・・・・・・	39		マルバルコウソウ・・・・・・・	99
にしきぎ科		コバノクロヅル・・・・・・・・・	96		モミジバヒルガオ・・・・・・・	70
		ツルマサキ・・・・・・・・・・・・・	109		モミジヒルガオ・・・・・・・・・	70
		テリハツルウメモドキ・・・・	97		リュウキュウアサガオ・・・・	77
のうぜんかずら科		アメリカノウゼンカズラ・・	103	ふさしだ科	カニクサ・・・・・・・・・・・・・・・	56
		ノウゼンカズラ・・・・・・・・・	104		ツルシノブ・・・・・・・・・・・・・	56
				ぶどう科	ウドカズラ・・・・・・・・・・・・・	17
【ハ行】					エビヅル・・・・・・・・・・・・・・・	21
ばら科		ウスアカノイバラ・・・・・・・	121		ギョウジャノミズ・・・・・・・	28
		ウラジロイチゴ・・・・・・・・・	124		サンカクヅル・・・・・・・・・・・	28
		エビガライチゴ・・・・・・・・・	124		ツタ・・・・・・・・・・・・・・・・・・・	105
		クマイチゴ・・・・・・・・・・・・・	129		ナツヅタ・・・・・・・・・・・・・・・	105

		ノブドウ・・・・・・・・・・・・・・	20		ハマナタマメ・・・・・・・・・・・	146
		ビンボウカズラ・・・・・・・・	16		ヒメクズ・・・・・・・・・・・・・・	68
		ヤブガラシ・・・・・・・・・・・・	16		フジ・・・・・・・・・・・・・・・・・・	40
【マ行】					モダマ・・・・・・・・・・・・・・・・	14
	またたび科	コクワ・・・・・・・・・・・・・・・・	94		ヤハズエンドウ・・・・・・・・	10
		サルナシ・・・・・・・・・・・・・・	94		ヤブツルアズキ・・・・・・・・	69
		シマサルナシ・・・・・・・・・・	95		ヤブマメ・・・・・・・・・・・・・・	67
		シラクチヅル・・・・・・・・・・	94		ヤマフジ・・・・・・・・・・・・・・	62
		ナシカズラ・・・・・・・・・・・・	95	【ヤ行】		
		マタタビ・・・・・・・・・・・・・・	93	やどりぎ科	オオバヤドリギ・・・・・・・・	138
	まつぶさ科	ウシブドウ・・・・・・・・・・・・	52	やまのいも科	オニドコロ・・・・・・・・・・・・	55
		サネカズラ・・・・・・・・・・・・	51		カエデドコロ・・・・・・・・・・	44
		ビナンカズラ・・・・・・・・・・	51		ジネンジョ・・・・・・・・・・・・	85
		マツブサ・・・・・・・・・・・・・・	52		ツクシタチドコロ・・・・・・	45
	まめ科	イルカンダ・・・・・・・・・・・・	60		トコロ・・・・・・・・・・・・・・・・	55
		ウジルカンダ・・・・・・・・・・	60		ニガガシュウ・・・・・・・・・・	86
		オオバクサフジ・・・・・・・・	15		マルバドコロ・・・・・・・・・・	86
		カスマグサ・・・・・・・・・・・・	12		ヤマイモ・・・・・・・・・・・・・・	85
		カマエカズラ・・・・・・・・・・	60		ヤマノイモ・・・・・・・・・・・・	85
		カラスノエンドウ・・・・・・	10	ゆきのした科	イワガラミ・・・・・・・・・・・・	107
		キツネササゲ・・・・・・・・・・	66		イワタイ	112
		クズ・・・・・・・・・・・・・・・・・・	63		ゴトウヅル・・・・・・・・・・・・	108
		クズモダマ・・・・・・・・・・・・	60		ツルアジサイ・・・・・・・・・・	108
		ジャケツイバラ・・・・・・・・	125	ゆり科	クサスギカズラ・・・・・・・・	133
		スズメノエンドウ・・・・・・	11		サツマサンキライ・・・・・・	30
		タンキリマメ・・・・・・・・・・	64		サルトリイバラ・・・・・・・・	29
		ツルマメ・・・・・・・・・・・・・・	65		シオデ・・・・・・・・・・・・・・・・	32
		ドヨウフジ・・・・・・・・・・・・	41		テンモンドウ・・・・・・・・・・	133
		ナツフジ・・・・・・・・・・・・・・	41		トゲナシカカラ・・・・・・・・	31
		ノアズキ・・・・・・・・・・・・・・	68		ハマサルトリイバラ・・・・・・	31
		ノササゲ・・・・・・・・・・・・・・	66	【ラ行】		
		ノダフジ・・・・・・・・・・・・・・	40	りんどう科	ツルリンドウ・・・・・・・・・・	46
		ハカマカズラ・・・・・・・・・・	19			
		ハマアズキ・・・・・・・・・・・・	147			
		ハマエンドウ・・・・・・・・・・	13			
		ハマササゲ・・・・・・・・・・・・	147			

参考図書・文献 （敬称略）

奥山　春季『寺崎　日本植物図譜』平凡社、1977
益村　　聖『絵合わせ　九州の花図鑑』海鳥社、1995 ほか
佐竹　義輔『日本の野生植物　草本』（全3巻）平凡社、1982
清水　建美『日本の帰化植物』平凡社、2003
清水　建美『図説　植物用語事典』八坂書房、2005
塚本洋太郎『園芸植物大事典』（全3巻）小学館、1994
週刊朝日百科『植物の世界』（全145巻）朝日新聞社、1997
樋口　春三『花のはなし』技報堂出版、1997
片野田逸朗『九州・野山の花』南方新社、2004
片野田逸朗『琉球弧・野山の花』南方新社、1999
初島　住彦『琉球植物誌』沖縄生物教育研究会、1971
初島　住彦『改訂　鹿児島県植物目録』鹿児島植物同好会、1986
草川　　俊『野草の歳時記』読売新聞社、1987
堀田　　満『付属資料1　南西諸島域に分布する植物の性型・生態特性等についての
　　　　　　データベース』鹿児島大学、1996
矢原　徹一『花の性　その進化を探る』東京大学出版会、1995
高橋　勝雄『野草の名前』山と渓谷社、2003
渡邊　靜夫『園芸植物大事典』小学館、1994

《資料提供》
　堀田　　満　植物の性型ほか（上に記載）
《写真提供》
　宇田　朋子（シラタマカズラ・花）
　山崎　重喜（ハカマカズラ・全形と花）
　川邉　恭佑（シロバナハンショウヅル・果実）
　常田　　守（イルカンダ・茎、花、果実、葉）
　杉本　正流（タカネハンショウヅル・全形、ヤマハンショウヅル・茎）
　三池田　修（タカネハンショウヅル・果実）
《情報提供》
　濱田　英昭（ウマノスズクサ・花と果実）
　石野　宣昭（ホソバウマノスズクサ・花）
　山崎　重喜（サクララン・果実、オオバクサフジ）
　七枝　良子（トラノオスズカケ・花、リュウキュウスズメウリ）
　市川　　聡（モダマ・果実）
　和田　孝子（アオカズラ・花と果実）

―― 著者プロフィール ――

川原　勝征(かわはら　かつゆき)

1944年　鹿児島県姶良市加治木町に生まれる
1967年　鹿児島大学教育学部卒業
　　　　　（以降、2005年3月まで県内公立中学校7校に勤務）
2005年　定年退職
鹿児島大学教育学部非常勤講師（07、08年度）を経て
現在　・鹿児島大学大学院理工学研究科
　　　　理数系教員(CST)養成スクール授業アドバイザー（09年度～）
　　　・理科支援員（鹿児島県日置市　08年度～）
（所属）
　　　・日本シダの会・鹿児島植物研究会・鹿児島植物同好会会員
　　　・NPO法人『うるし里山ミュージアム』会員
　　　・日本自然保護協会「里モニ1000」調査員

【現住所】
　　〒899-5652　鹿児島県姶良市平松4271-1　TEL 0995-66-1773
　　メールアドレス　kenkouwan@yahoo.co.jp

【著書】
『霧島の花　木の花100選』（南方新社　1999）
『屋久島　高地の植物』（南方新社　2001）
『新版　屋久島の植物』（南方新社　2003）
『野草を食べる』（南方新社　2005）
『万葉集の植物たち』（南方新社　2008）
『南九州の樹木図鑑』（南方新社　2009）　ほか

装丁　鈴木巳貴

九州の蔓(つる)植物

発行日	2012年4月10日　第1刷発行
著　者	川原勝征
発行者	向原祥隆
発行所	株式会社 南方新社
	〒892-0873　鹿児島市下田町292-1
	電話 099-248-5455
	振替口座02070-3-27929
	URL http://www.nanpou.com/
	e-mail info@nanpou.com
印刷・製本	株式会社イースト朝日

乱丁・落丁はお取り替えします
©Kawahara Katsuyuki 2012, Printed in Japan
ISBN978-4-86124-218-2 C0645

南九州の樹木図鑑
◎川原勝征
定価（本体 2900 円＋税）

九州の森、照葉樹林。森を構成する木々たち200種を収録した。本書の特徴は、1枚の葉っぱから樹木の名前がすぐ分かること。1種につき、葉の表と裏・枝・幹のアップ、花や実など、複数の写真を掲載。初心者にやさしい。

南九州・里の植物
◎川原勝征著　初島住彦監修
定価（本体 2900 円＋税）

540種、900枚のカラー写真を収録。南九州で身近に見る植物をほぼ網羅。これまでなかった手軽なガイドブックとして、野外観察やハイキングに大活躍。植物愛好家だけでなく、学校や家庭にもぜひ欲しい一冊。

山菜ガイド　野草を食べる
◎川原勝征
定価（本体 1800 円＋税）

タラの芽やワラビだけが山菜じゃない。ちょっと足をのばせば、ヨメナにスイバ、ギシギシなど、オオバコだって新芽はとてもきれいで天ぷらに最高。採り方、食べ方、分布など詳しい解説つき。

九州・野山の花
◎片野田逸朗
定価（本体 3900 円＋税）

葉による検索ガイド付き・花ハイキング携帯図鑑。落葉広葉樹林、常緑針葉樹林、草原、人里、海岸……。生育環境と葉の特徴で見分ける1295種の植物。トレッキングやフィールド観察にも最適。

琉球弧・野山の花 from AMAMI
◎片野田逸朗著　大野照好監修
定価（本体 2900 円＋税）

東洋のガラパゴスと呼ばれる奄美。亜熱帯気候の奄美は植物も本土とは大きく異なっている。生き物が好き、島が好きな人にとっては宝物のようなカラー植物図鑑。555種類の写真の一枚一枚が、奄美の懐かしい風景へと誘う。

日々を彩る　一木一草
◎寺田仁志
定価（本体 2000 円＋税）

南日本新聞連載の大好評コラムが一冊に。元旦から大晦日まで、366編の写真とエッセイに、8編の書き下ろしコラムを加えて再構成。美しい写真と気取らないエッセイで、野辺の花を堪能できる永久保存版。

薬草の詩
◎鹿児島県薬剤師会編
定価（本体 1500 円＋税）

身近にあって誰でも手にできる薬草の中から、代表的な162種をピックアップ。薬剤師が書いたエッセイが、薬草の世界に誘う。薬草の採取と保存の仕方、煎じ方と飲み方などを解説した資料編付。

校庭の雑草図鑑
◎上赤博文
定価（本体 1905 円＋税）

学校の先生、学ぶ子らに必須の一冊。人家周辺の空き地や校庭などで、誰もが目にする275種を紹介。学校の総合学習はもちろん、自然観察や自由研究に。また、野山や海辺のハイキング、ちょっとした散策に。

ご注文は、お近くの書店か直接南方新社まで（送料無料）
書店にご注文の際は「地方小出版流通センター扱い」とご指定下さい。

霧島の花　木の花100選
◎川原勝征著　初島住彦監修
定価（本体1500円＋税）

南九州随一の秀麗な山、霧島。山々を美しく彩るのは、登るにつれて変わっていく樹木の姿。霧島に咲く木の花の中から、最も代表的な100種を、果実や紅葉などを織り交ぜた220点のカラー写真で紹介する。

新版　屋久島の植物
◎川原勝征著　初島住彦監修
定価（本体2600円＋税）

海辺から高地まで、その高低差1900mの島、屋久島。その環境は多彩で、まさに生命の島といえます。この島で身近に見ることができる植物338種を網羅、645枚のカラー写真と解説で詳しく紹介。

屋久島　高地の植物
◎川原勝征著　初島住彦監修
定価（本体1500円＋税）

九州最高峰（標高1935m）の宮之浦岳をはじめ、1000m以上の峰が連なる屋久島。世界自然遺産の島に息づく、知られざる花たち。屋久島でしか出会えない46種を含む高地の植物全100種を、168枚のカラー写真で紹介する。

奄美の絶滅危惧植物
◎山下　弘
定価（本体1905円＋税）

世界自然遺産候補の島、奄美の絶滅危惧植物150種を一挙にカラー写真で紹介。世界中で奄美の山中に数株しか発見されていないアマミアワゴケ他、貴重で希少な植物たちが見せる、はかなくも可憐な姿。

万葉集の植物たち
◎川原勝征
定価（本体2600円＋税）

日本最古の歌集・万葉集。約4500首の歌の中で、植物を詠み込んだものは1500首ほどある。大伴家持、柿本人麻呂、山上憶良らが詠んだ植物の生態や、当時の風俗、文化を解説。万葉歌人の思いが甦る。

増補改訂版 昆虫の図鑑 採集と標本の作り方
◎福田晴夫他著
定価（本体3500円＋税）

大人気の昆虫図鑑が大幅にボリュームアップ。九州・沖縄の身近な昆虫2542種を収録。旧版より445種増えた。注目種を全種掲載のほか採集と標本の作り方も丁寧に解説。昆虫少年から研究者まで一生使えると大評判の一冊！

貝の図鑑　採集と標本の作り方
◎行田義三
定価（本体2600円＋税）

本土から奄美群島に至る海、川、陸の貝、1049種を網羅。採集のしかた、標本の作り方のほか、よく似た貝の見分け方を丁寧に解説する。待望の「貝の図鑑決定版」。この一冊で水辺がもっと楽しくなる。

九州発　食べる地魚図鑑
◎大富　潤
定価（本体3800円＋税）

魚、エビ、カニ、貝、ウニ、海藻など550種を解説。著者は水産学部の教授。全ての魚を実際に著者が食べてみた「おいしい食べ方」も紹介。魚料理の基本、さばき方から、刺身、茹で、煮、焼き、揚げまで丁寧にてほどき。

ご注文は、お近くの書店か直接南方新社まで（送料無料）
書店にご注文の際は「地方小出版流通センター扱い」とご指定下さい。